LIBRO PARA COLOREAR DE ANATOMÍA DEL CABALLO

EL LIBRO PERTENECE
A

TABLA DE CONTENIDO

SECCIÓN 1:................................ESQUELETO DEL CABALLO ASPECTO LATERAL
SECCIÓN 2:....................EL ESQUELETO DEL ASPECTO CRANEAL DEL CABALLO
SECCIÓN 3:.............ESQUELETO DEL CABALLO ASPECTO CRANEAL Y CAUDAL
SECCIÓN 4:........................EL ESQUELETO DEL ASPECTO DORSAL DEL CABALLO
SECCIÓN 5:...........................LOS MÚSCULOS DEL CABALLO ASPECTO LATERAL
SECCIÓN 6:....................LOS MÚSCULOS DEL ASPECTO CRANEAL DEL CABALLO
SECCIÓN 7:.....LOS MÚSCULOS DE LA CARA CRANEAL Y CAUDAL DEL CABALLO
SECCIÓN 8:.................LOS MÚSCULOS DE LA CARA VENTRAL DEL CABALLO
SECCIÓN 9:.........................LOS MÚSCULOS DE LA CARA DORSAL DEL CABALLO
SECCIÓN 10:.......................................ÓRGANOS INTERNOS DEL CABALLO
SECCIÓN 11:....................................VASOS SANGUÍNEOS DEL CABALLO
SECCIÓN 12:.. NERVIOS DEL CABALLO
SECCIÓN 13:..........................EL CRÁNEO DEL CABALLO ASPECTO LATERAL
SECCIÓN 14:................DENTRO DEL CRÁNEO DEL CABALLO ASPECTO LATERAL
SECCIÓN 15:.......................EL CRÁNEO DEL LADO DORSAL DEL CABALLO
SECCIÓN 16:..........................EL CRÁNEO DEL CABALLO ASPECTO VENTRAL
SECCIÓN 17:...........................LOS MÚSCULOS DE LA CABEZA CARA LATERAL
SECCIÓN 18:...........................LOS MÚSCULOS DE LA CARA DORSAL DE LA CABEZA
SECCIÓN 19:..........EL CEREBRO DEL LADO LATERAL Y DORSAL DEL CABALLO
SECCIÓN 20:.. EL OJO DEL CABALLO
SECCIÓN 21:.................................... LOS LABIOS Y LA NARIZ DEL CABALLO
SECCIÓN 22:.. LAS OREJAS DEL CABALLO
SECCIÓN 23:................................EXTREMIDAD TORÁCICA CARA LATERAL
SECCIÓN 24:.................ASPECTO CRANEAL DE LA EXTREMIDAD TORÁCICA
SECCIÓN 25:................................EXTREMIDAD PÉLVICA CARA LATERAL
SECCIÓN 26:..................ASPECTO CRANEAL DEL MIEMBRO PÉLVICO
SECCIÓN 27:.......................................LA PEZUÑA DEL CABALLO 1
SECCIÓN 28:...................................LA PEZUÑA DEL CABALLO 2
SECCIÓN 29:....................................... EL CORAZON DEL CABALLO
SECCIÓN 30:....................................LOS PULMONES DEL CABALLO
SECCIÓN 31:.................................LA MÉDULA ESPINAL DEL CABALLO

SECCIÓN 1:ESQUELETO DEL CABALLO ASPECTO LATERAL

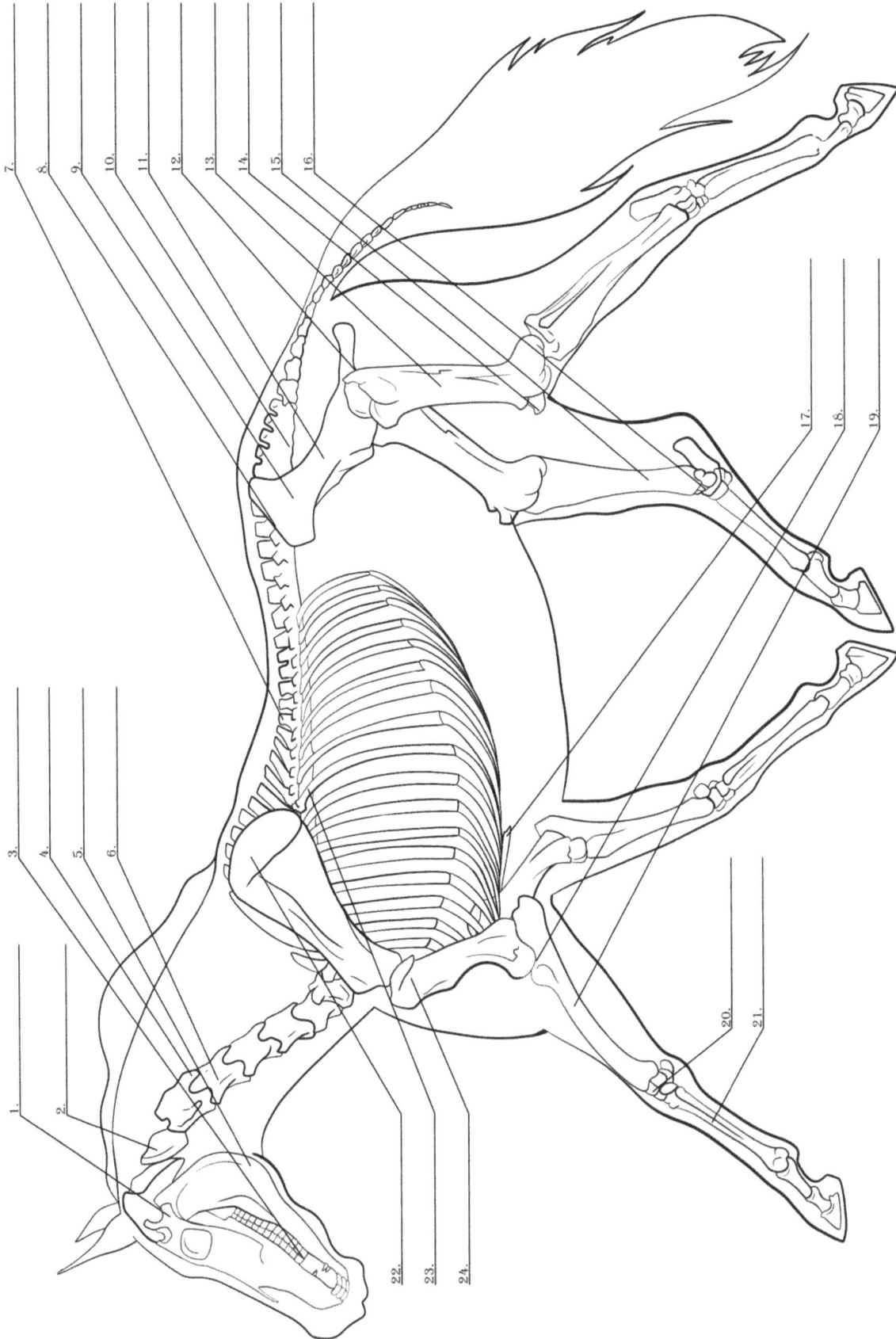

SECCIÓN 1:ESQUELETO DEL CABALLO ASPECTO LATERAL

1. CRÁNEO
2. ATLAS
3. BARRAS
4. EJE
5. MANDÍBULA
6. VÉRTEBRAS CERVICALES
8. ARTICULACIÓN LUMBOSACRA
7. VÉRTEBRA LUMBAR
9. PUNTO DE LA CADERA
10. SACRO
11. PELVIS
12. ARTICULACIÓN DE CADERA
13. FÉMUR
14. RÓTULA
15. TIBIA
16. CORVEJÓN
17. ESTERNÓN
18. ARTICULACIÓN DEL CODO
19. RADIO
20. RODILLA
21. CAÑA
22. OMÓPLATO
23. CAJA TORÁCICA
24. HÚMERO

SECCIÓN 2:EL ESQUELETO DEL ASPECTO CRANEAL DEL CABALLO

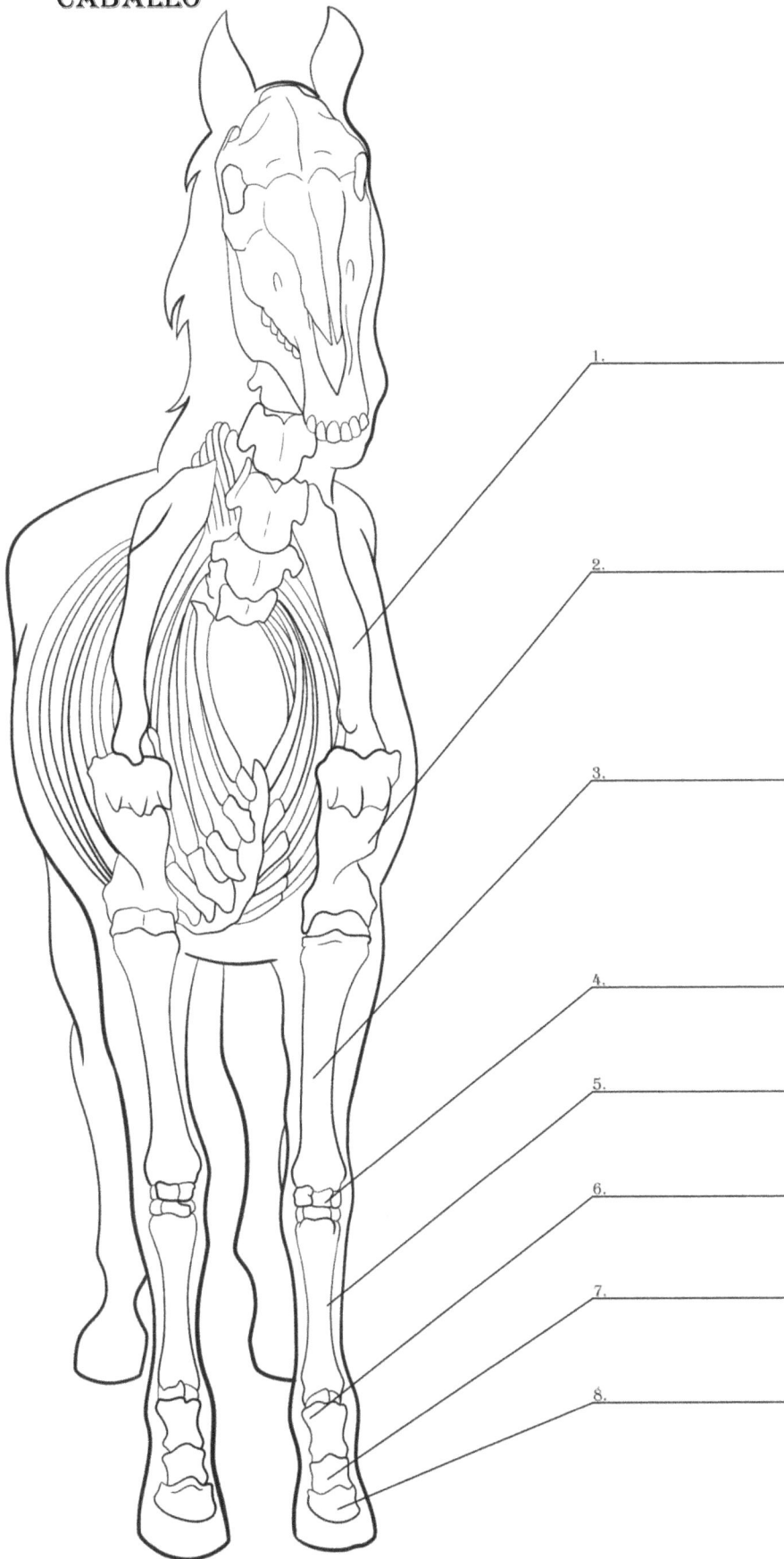

1. _____

2. _____

3. _____

4. _____

5. _____

6. _____

7. _____

8. _____

SECCIÓN 2:EL ESQUELETO DEL ASPECTO CRANEAL DEL CABALLO

1 . ESPINA DEL OMÓPLATO
2. HÚMERO
3. RADIO
4. HUESOS CARPIANOS
5. TERCER HUESO METACARPIANO
6. FALANGE PROXIMAL
7. FALANGE MEDIA
8. FALANGE DISTAL (CORONA)

SECCIÓN 3:ESQUELETO DEL CABALLO ASPECTO CRANEAL Y CAUDAL

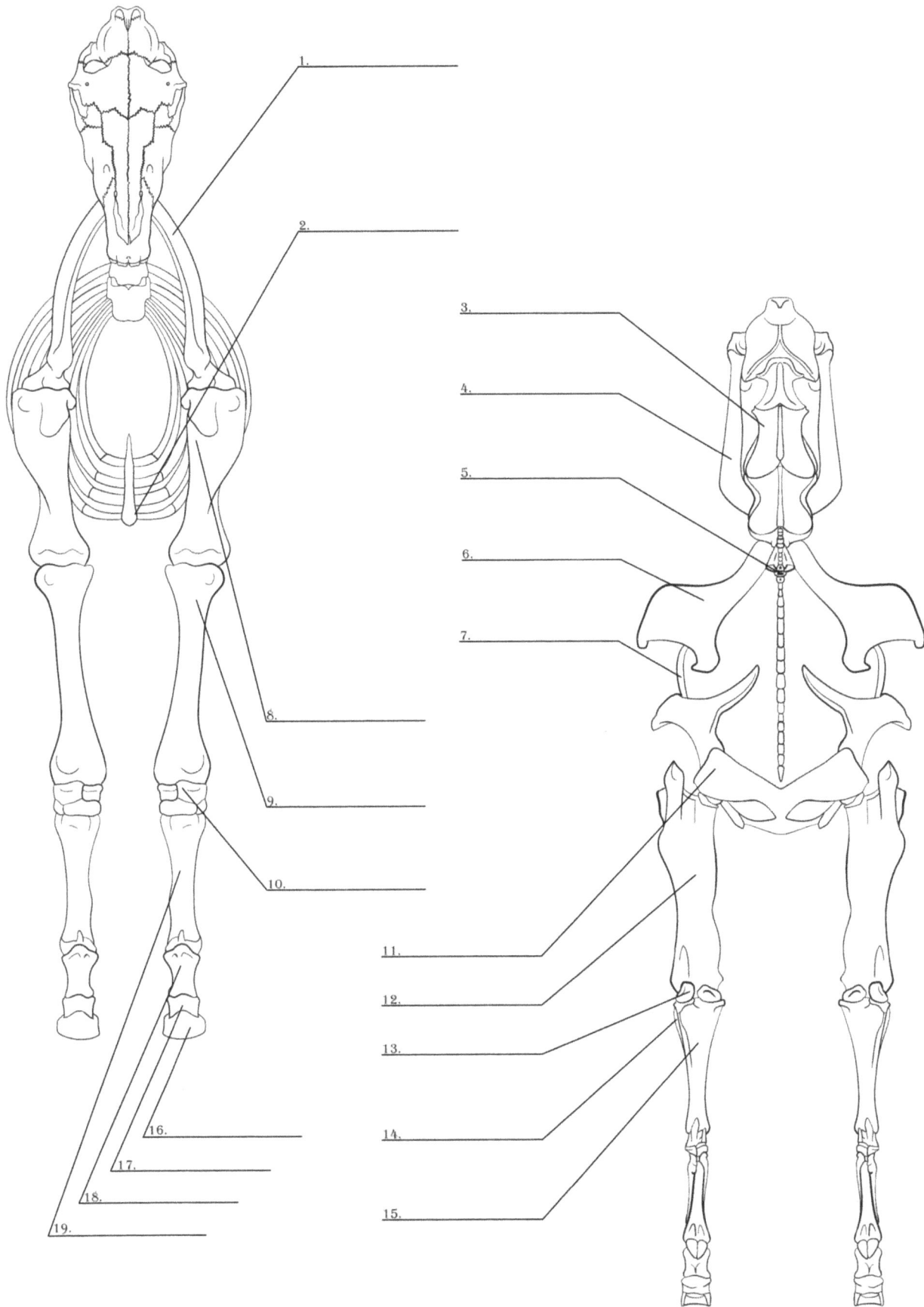

1.

2.

3.

4.

5.

6.

7.

8.

9.

10.

11.

12.

13.

14.

15.

16.

17.

18.

19.

SECCIÓN 3:ESQUELETO DEL CABALLO ASPECTO CRANEAL Y CAUDAL

1 . ESPINA DEL OMÓPLATO
2. ESTERNÓN
3. EJE
4. CRÁNEO
5. SACRO
6. OMÓPLATO
7. CAJA TORÁCICA
8. HÚMERO
9. RADIO
10. HUESOS CARPIANOS
11. PELVIS
12. FÉMUR
13. ASTRÁGALO
14. FÉRULA DE HUESO
15. TIBIA
16. FALANGE DISTAL (CORONA)
17. FALANGE MEDIA
18. FALANGE PROXIMAL
19. TERCER HUESO METACARPIANO

SECCIÓN 4:EL ESQUELETO DEL ASPECTO DORSAL DEL CABALLO

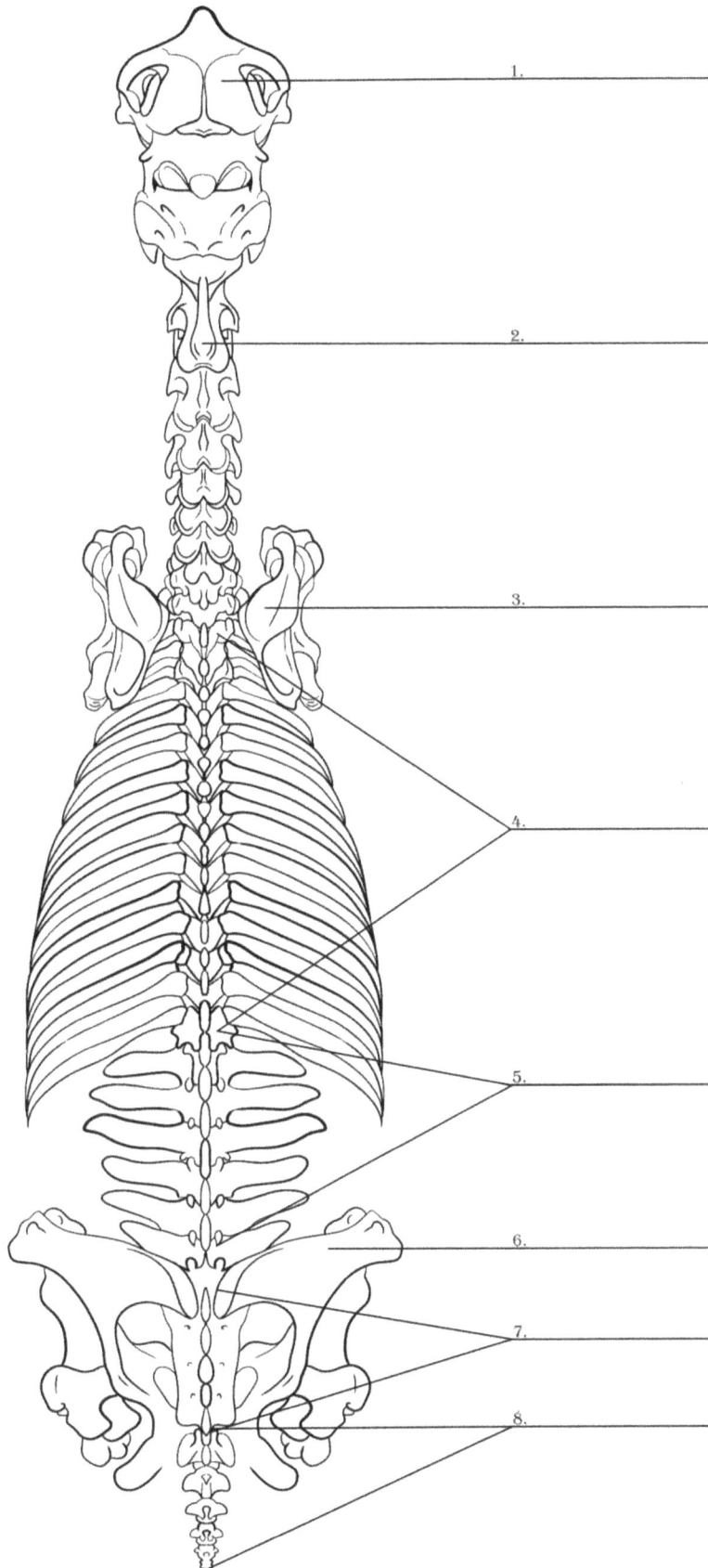

1. _____

2. _____

3. _____

4. _____

5. _____

6. _____

7. _____

8. _____

SECCIÓN 4: EL ESQUELETO DEL ASPECTO DORSAL DEL CABALLO

1. CRÁNEO
2. EJE
3. OMÓPLATO
4. VÉRTEBRAS TORÁCICAS
5. VÉRTEBRA LUMBAR
6. PELVIS
7. VÉRTEBRAS SACRAS
8. CAUDAL DE VÉRTEBRAS

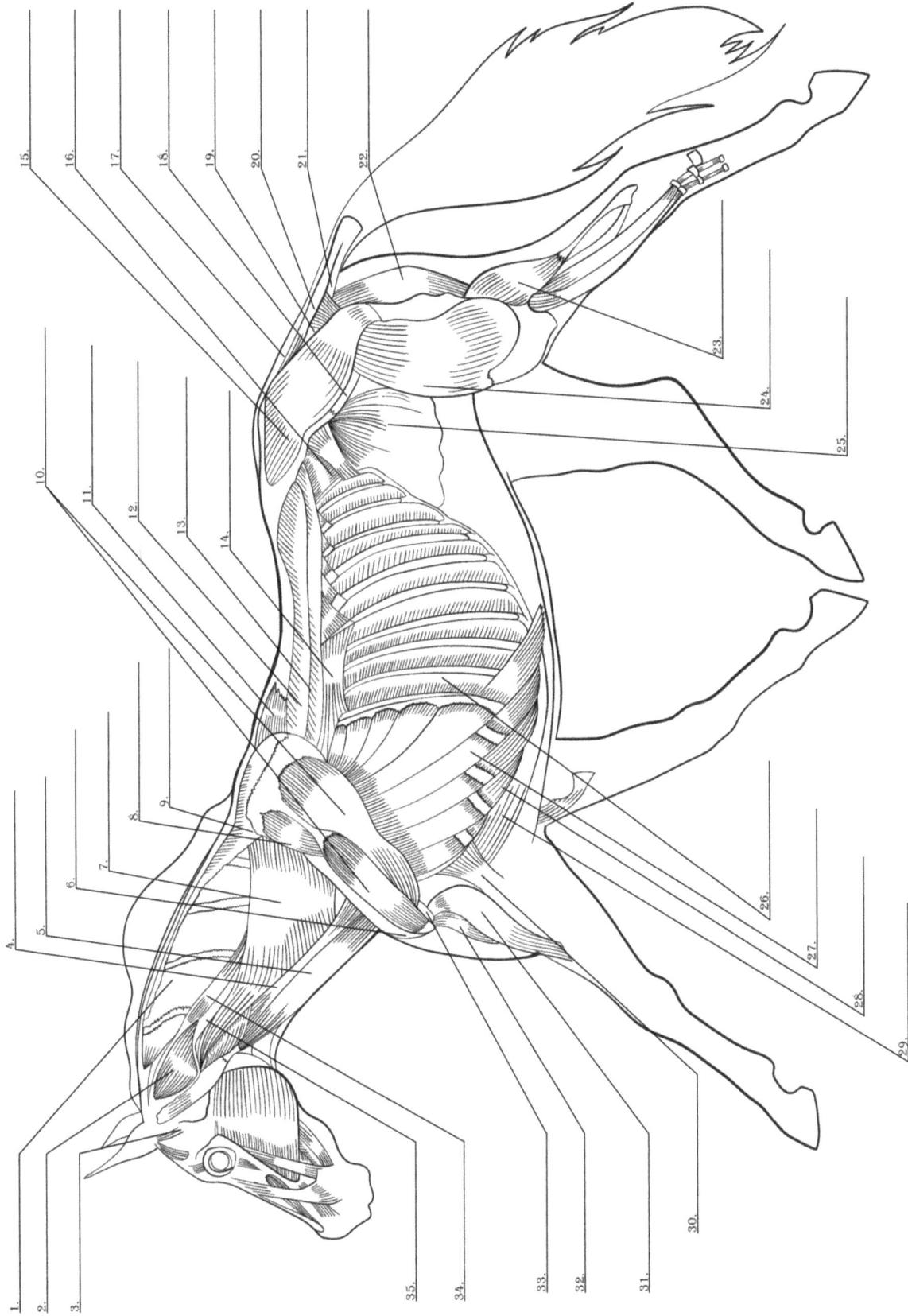

SECCIÓN 5:LOS MÚSCULOS DEL

CABALLO ASPECTO LATERAL

1. COMPLEXUS
2. RECTUS CAPITIS VENTRALIS
3. TEMPORALIS
4. OMOHIOIDEO
5. ESTERNOCÉFALO
6. SUBCLAVIO
7. SERRATUS VENTRALIS CERVICIS
8. SUPRAESPINOSO
9. ROMBOIDES
10. INFRAESPINOSO
11. ESPINOSO TORÁCICO
12. MÚSCULO LONGÍSIMO
13. LONGISSIMUS COSTARUM
14. SERRATO DORSAL POSTERIOR
15. GLÚTEO MEDIO
16. TRANSVERSO DEL ABDOMEN
17. SACROCAUDAL DORSAL MÉDIUNS
18. ILÍACO
19. COXÍGEO
20. SACROCAUDALIS DORSALIS LATERALIS
21. SACROCAUDALIS VENTRALIS LATERALIS
22. SEMIMEMBRANOSO
23. GASTROCNEMIO
24. CUÁDRICEPS FEMORAL
25. OBLICUO INTERNO ABDOMINAL
26. INTERCOSTAL EXTERNO
27. SERRATUS VENTRALIS THORACIS
28. OBLICUO EXTERNO ABDOMINAL
29. PECTORAL ASCENDENTE
30. PECTORAL TRANSVERSO
31. BRAQUIAL
32. BÍCEPS BRAQUIAL
33. REDONDO MENOR
34. LONGISSIMUS CAPÝTIS
35. LONGISSIMUS ATLANTIS

SECCIÓN 6: LOS MÚSCULOS DEL ASPECTO CRANEAL DEL CABALLO

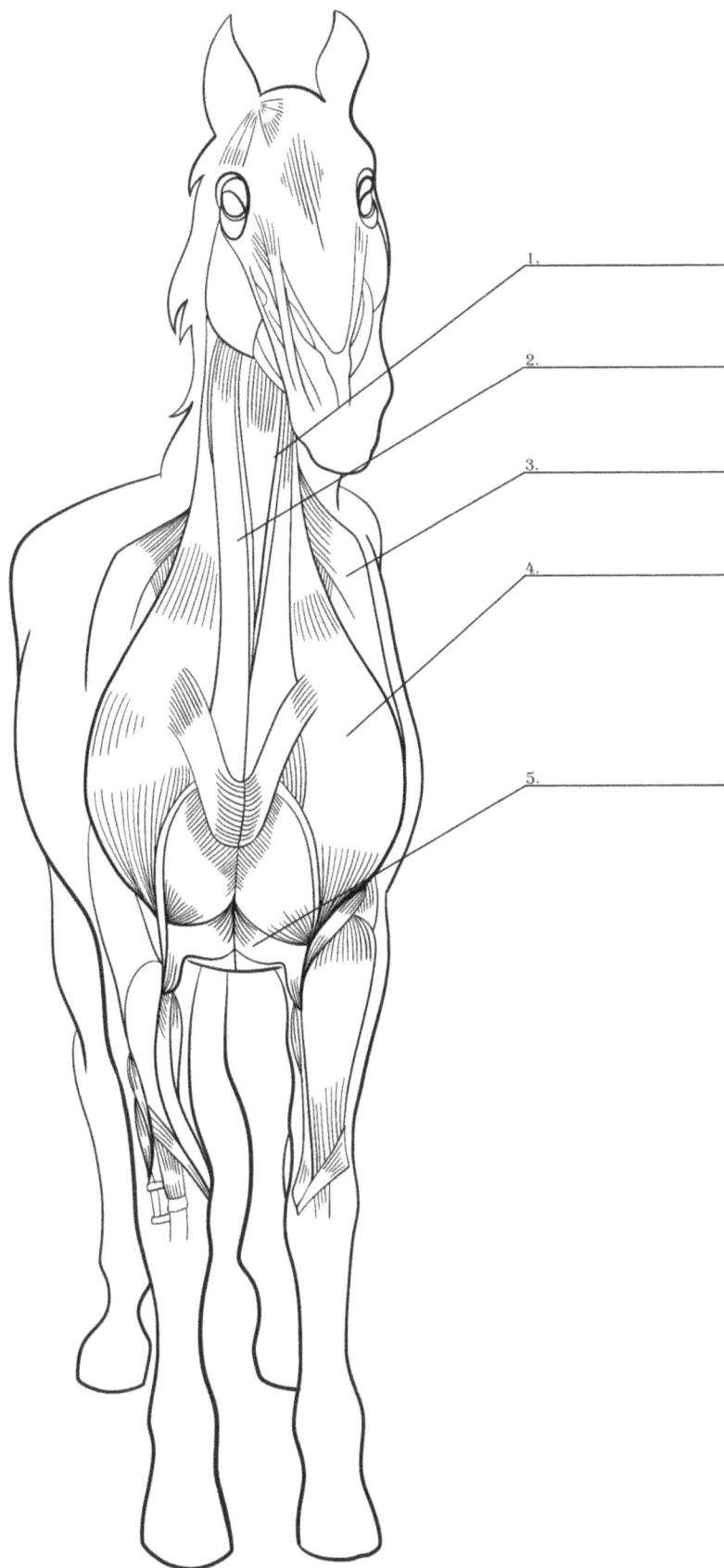

1. _____

2. _____

3. _____

4. _____

5. _____

SECCIÓN 6: LOS MÚSCULOS DEL ASPECTO CRANEAL DEL CABALLO

1. MÚSCULO ESTERNOCLEIDOHIOIDEO
2. MÚSCULO ESTERNOCEFÁLICO
3. MÚSCULO TRAPECIO
4. MÚSCULO BRAQUIOCEFÁLICO
5. MÚSCULO PECTORAL

SECCIÓN 7: LOS MÚSCULOS DE LA CARA CRANEAL Y CAUDAL DEL CABALLO

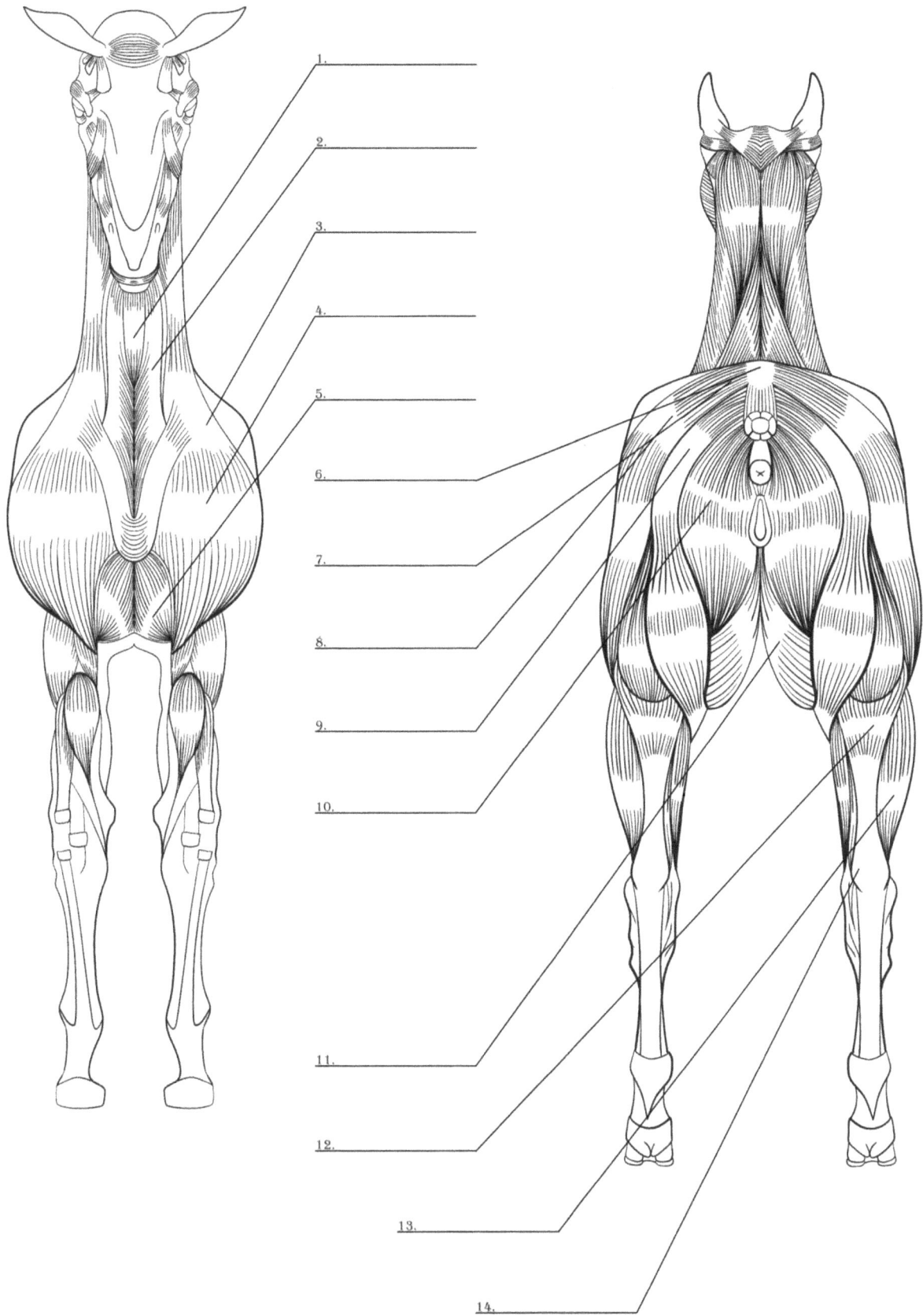

1.

2.

3.

4.

5.

6.

7.

8.

9.

10.

11.

12.

13.

14.

SECCIÓN 7:LOS MÚSCULOS DE LA CARA CRANEAL Y CAUDAL DEL CABALLO

1. MÚSCULO ESTERNOCLEIDOHIOIDEO
2. MÚSCULO ESTERNOCEFÁLICO
3. MÚSCULO TRAPECIO
4. MÚSCULO BRAQUIOCEFÁLICO
5. MÚSCULO PECTORAL
6. TUBÉRCULO SACRAL
7. MÚSCULO GLÚTEO SUPERFICIAL
8. MÚSCULO BÍCEPS FEMORAL
9. MÚSCULO SEMITENDINOSO
10. MÚSCULO SEMIMEMBRANOSO
11. MÚSCULO GRÁCIL
12. MÚSCULO GASTROCNEMIO
13. MÚSCULO TIBIAL CRANEAL
14. TENDÓN DE AQUILES

SECCIÓN 8: LOS MÚSCULOS DE LA CARA VENTRAL DEL CABALLO

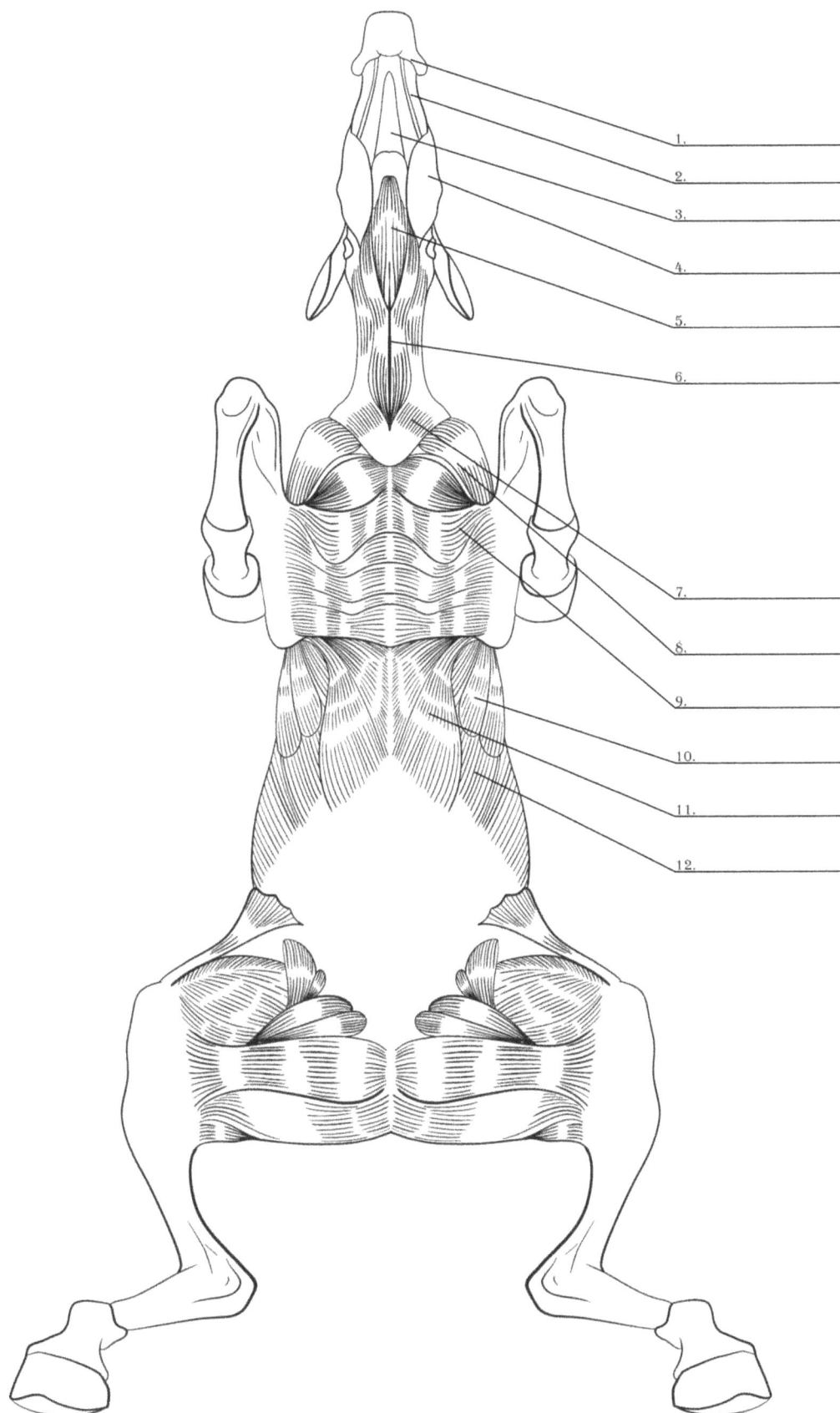

1. _____

2. _____

3. _____

4. _____

5. _____

6. _____

7. _____

8. _____

9. _____

10. _____

11. _____

12. _____

SECCIÓN 8:LOS MÚSCULOS DE LA CARA VENTRAL DEL CABALLO

1 . MÚSCULO ORBICULAR DE LA BOCA
2. MÚSCULO BUCCINADOR
3. MÚSCULO MILOHIOIDEO
4. MÚSCULO MASETERO
5. MÚSCULO ESTERNOCLEIDOHIOIDEO
6. MÚSCULO ESTERNOCLEIDOMASTOIDEO
7. MÚSCULO CUTÁNEO DEL CUELLO
8. MÚSCULO BRAQUIOCEFÁLICO
9 . MÚSCULO PECTORAL TRANSVERSO
10. MÚSCULO SERRATO VENTRAL
11 . MÚSCULO PECTORAL PROFUNDO
12. MÚSCULO OBLICUO EXTERNO DEL ABDOMEN

SECCIÓN 9:LOS MÚSCULOS DE LA CARA DORSAL DEL CABALLO

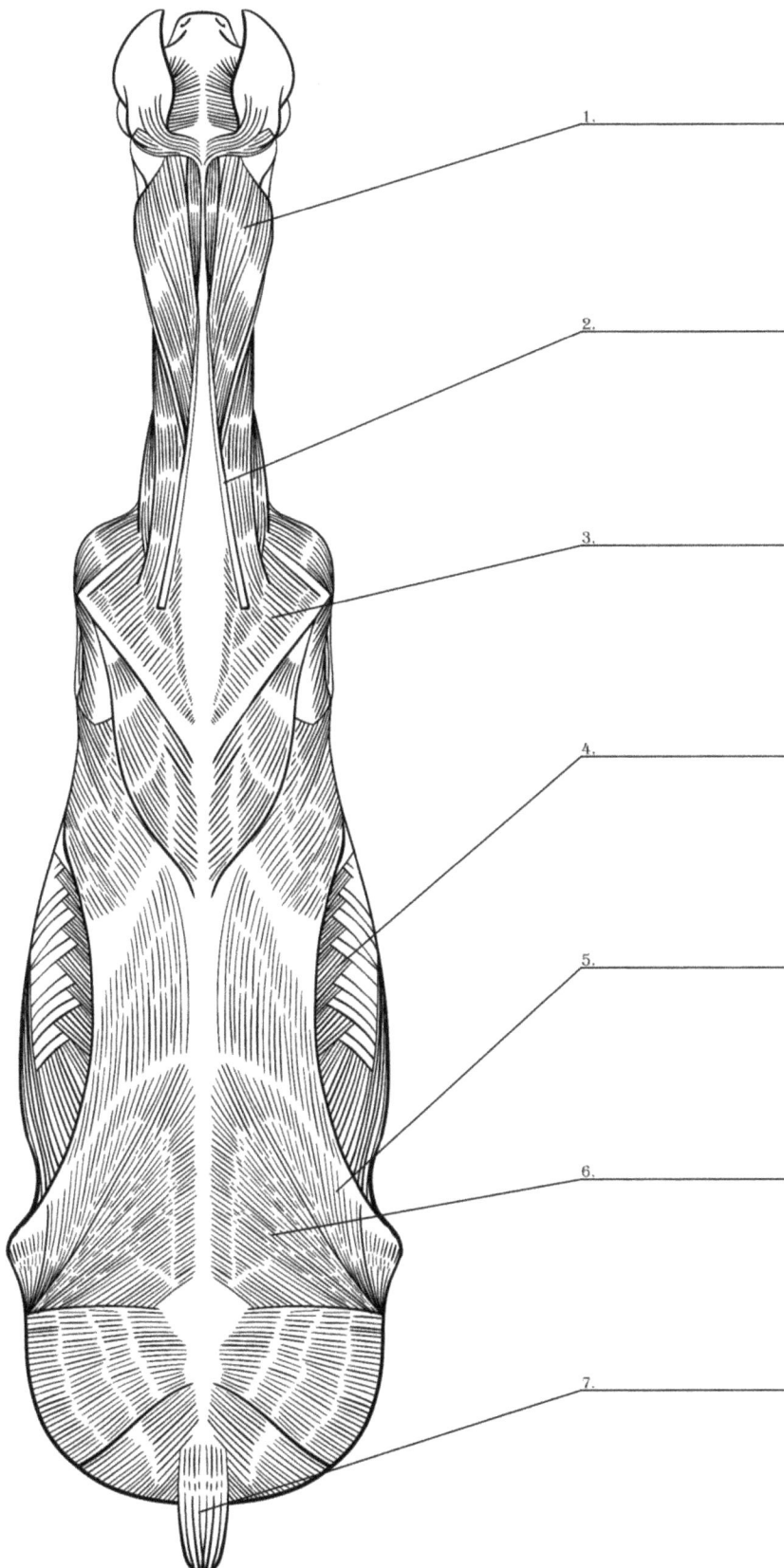

1.

2.

3.

4.

5.

6.

7.

SECCIÓN 9:LOS MÚSCULOS DE LA CARA DORSAL DEL CABALLO

1. MÚSCULO COMPLEXUS
2. MÚSCULOS ROMBOIDES
3. MÚSCULO DORSAL ESPINAL
4. MÚSCULO INTERCOSTAL EXTERNO
5. MÚSCULO OBLICUO INTERNO DEL ABDOMEN
6 . MÚSCULO GLÚTEO MEDIO
7. MÚSCULO SACROCAUDALIS DORALIS MEDIUS

SECCIÓN 10:ÓRGANOS INTERNOS DEL CABALLO

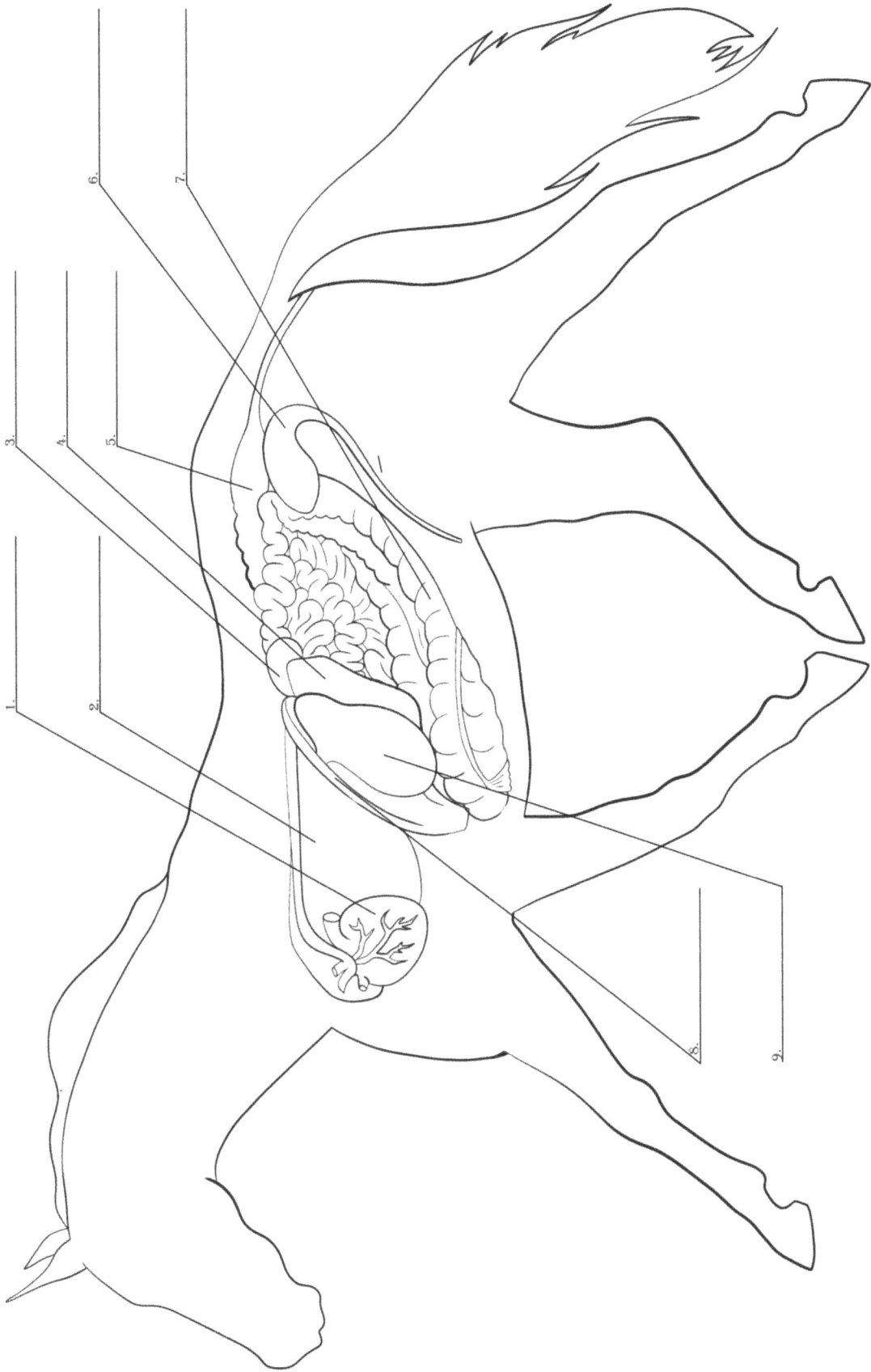

SECCIÓN 10:ÓRGANOS INTERNOS DEL CABALLO

SECCIÓN 10:ÓRGANOS INTERNOS DEL CABALLO

1. CORAZÓN
2. PULMÓN
3. RIÑÓN
4. HÍGADO
5. RECTO
6. VEJIGA
7. COLON
8. DIAFRAGMA
9. ESTÓMAGO

SECCIÓN 11:VASOS SANGUÍNEOS DEL CABALLO

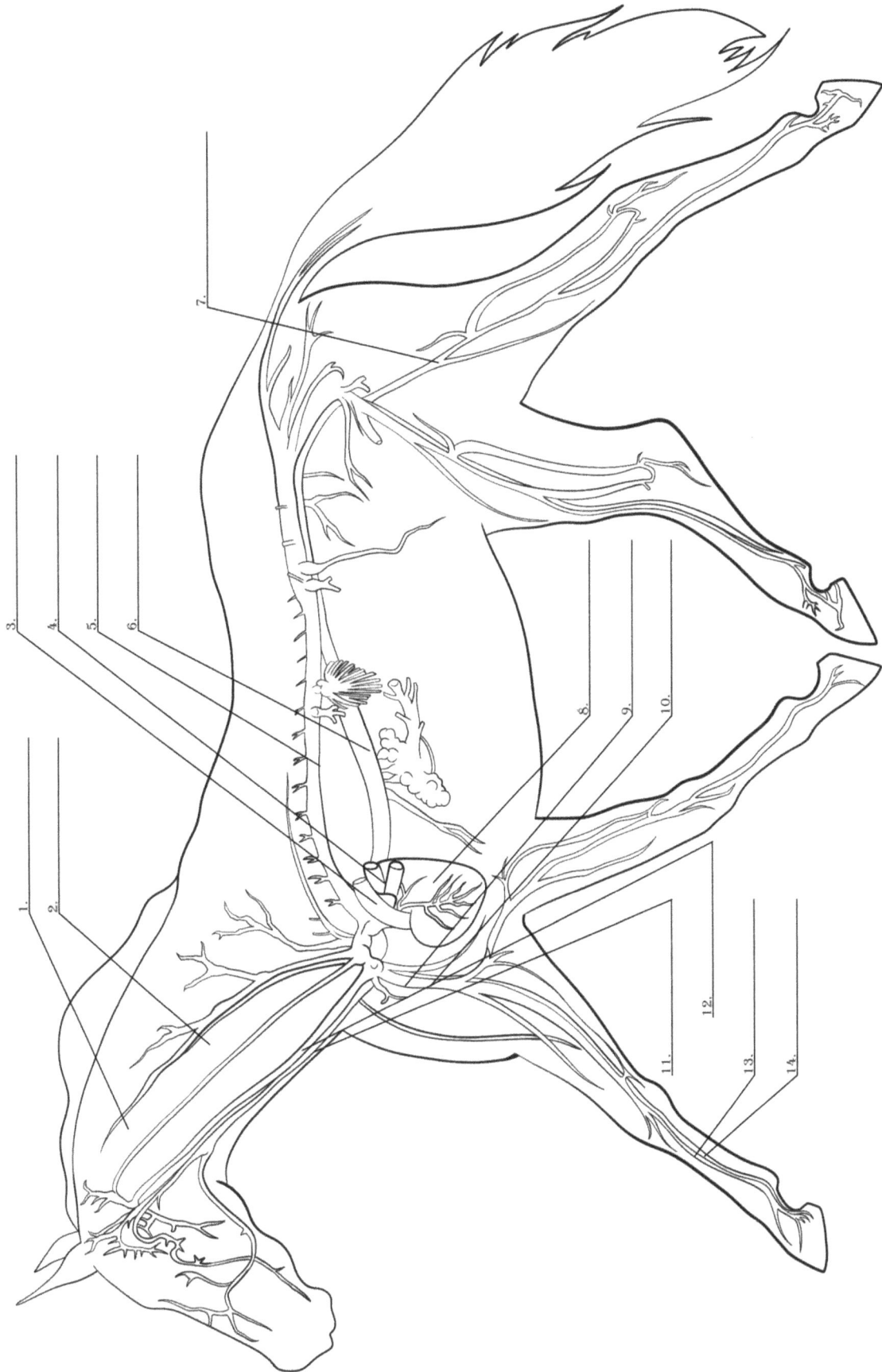

SECCIÓN 11:VASOS SANGUÍNEOS DEL CABALLO

1. ARTERIA DEL CUELLO
2. VENA DEL CUELLO
3. ARTERIA PULMONAR
4. PULMONARY VEIN
5. AORTA
6. VENA CAVA POSTERIOR
7. VENA FEMORAL
8. CORAZÓN
9. ARTERIA SUBCLAVIA
10. VENA SUBCLAVIA
11. VENA YUGULAR
12. ARTERIA CARÓTIDA
13. ARTERIA DEL PIE
14. VENA DEL PIE

SECCIÓN 12: NERVIOS DEL CABALLO

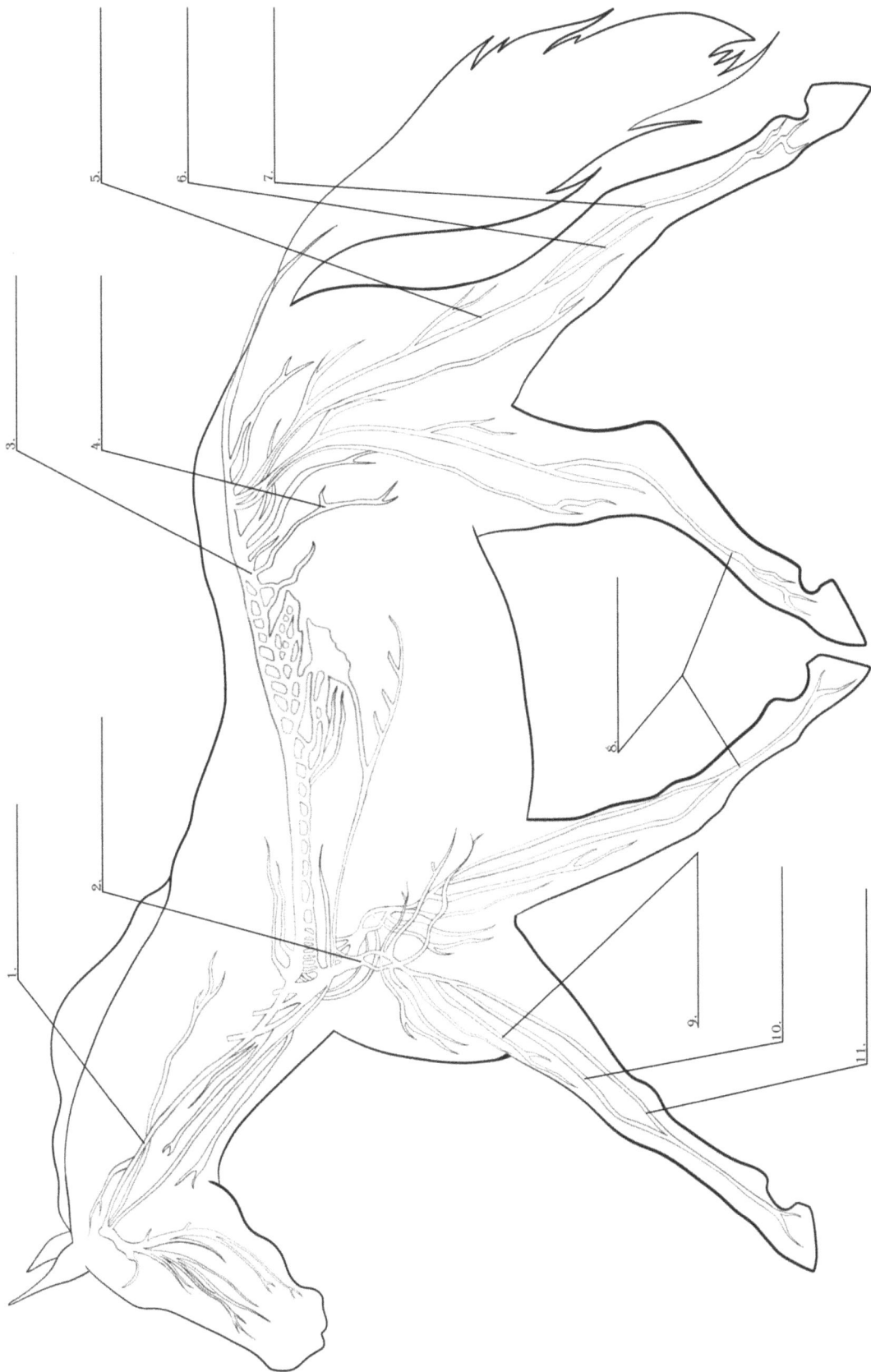

1.

2.

3.

4.

5.

6.

7.

8.

9.

10.

11.

SECCIÓN 12: NERVIOS DEL CABALLO

1. MÉDULA ESPINAL
2. PLEXO BRAQUIAL
3. PLEXO LUMBOSACRO
4. NERVIO FEMORAL
5. NERVIO CIÁTICO (ISQUIÁTICO)
6. NERVIO PERONEO
7. NERVIO TIBIAL
8. NERVIO MEDIANOO
9. NERVIO RADIAL
10. NERVIO MEDIAL
11. NERVIO CUBITAL

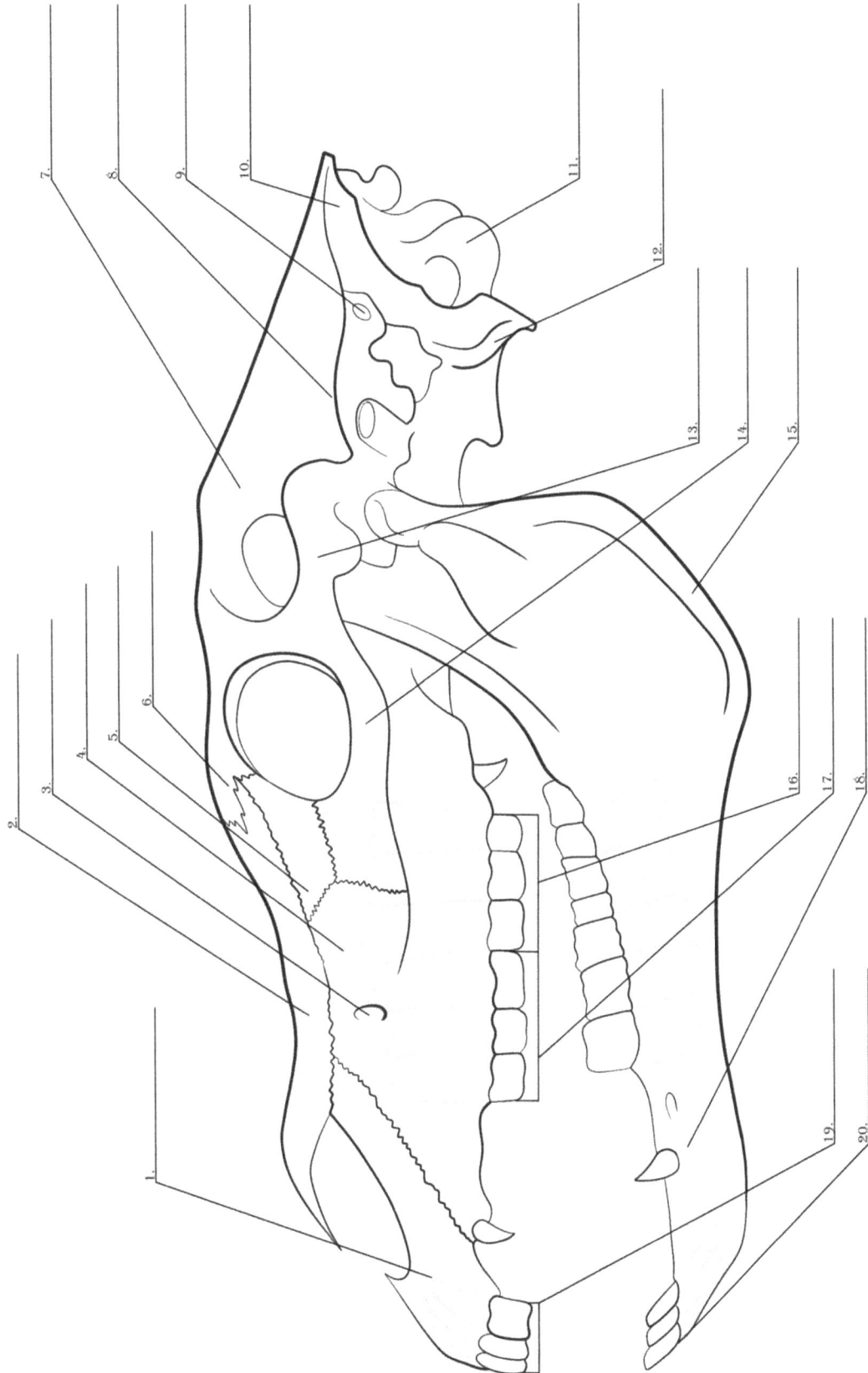

SECCIÓN 13:EL CRÁNEO DEL CABALLO ASPECTO LATERAL

1. HUESO INCISIVO
2. HUESO NASAL
3. ORIFICIO INFRAORBITARIO
4. MAXILAR
5. HUESO LAGRIMAL CON LA ÓRBITA DETRÁS
6. HUESO FRONTAL
7. HUESO PARIETAL
8. FOSA TEMPORAL
9. MEATO AUDITIVO EXTERNO
10. CRESTA NUCAL
11. CÓNDILO OCCIPITAL
12. PROCESO PARACONDILAR
13. ARCO CIGOMÁTICO
14. HUESO CIGOMÁTICO CON CRESTA FACIAL
15. ÁNGULO MANDIBULAR
16. MOLARES PRIMARIOS
17. PREMOLARES
18. MARGO INTERALVEOLARIS
19. INCISIVOS
20. DIENTES INCISIVOS

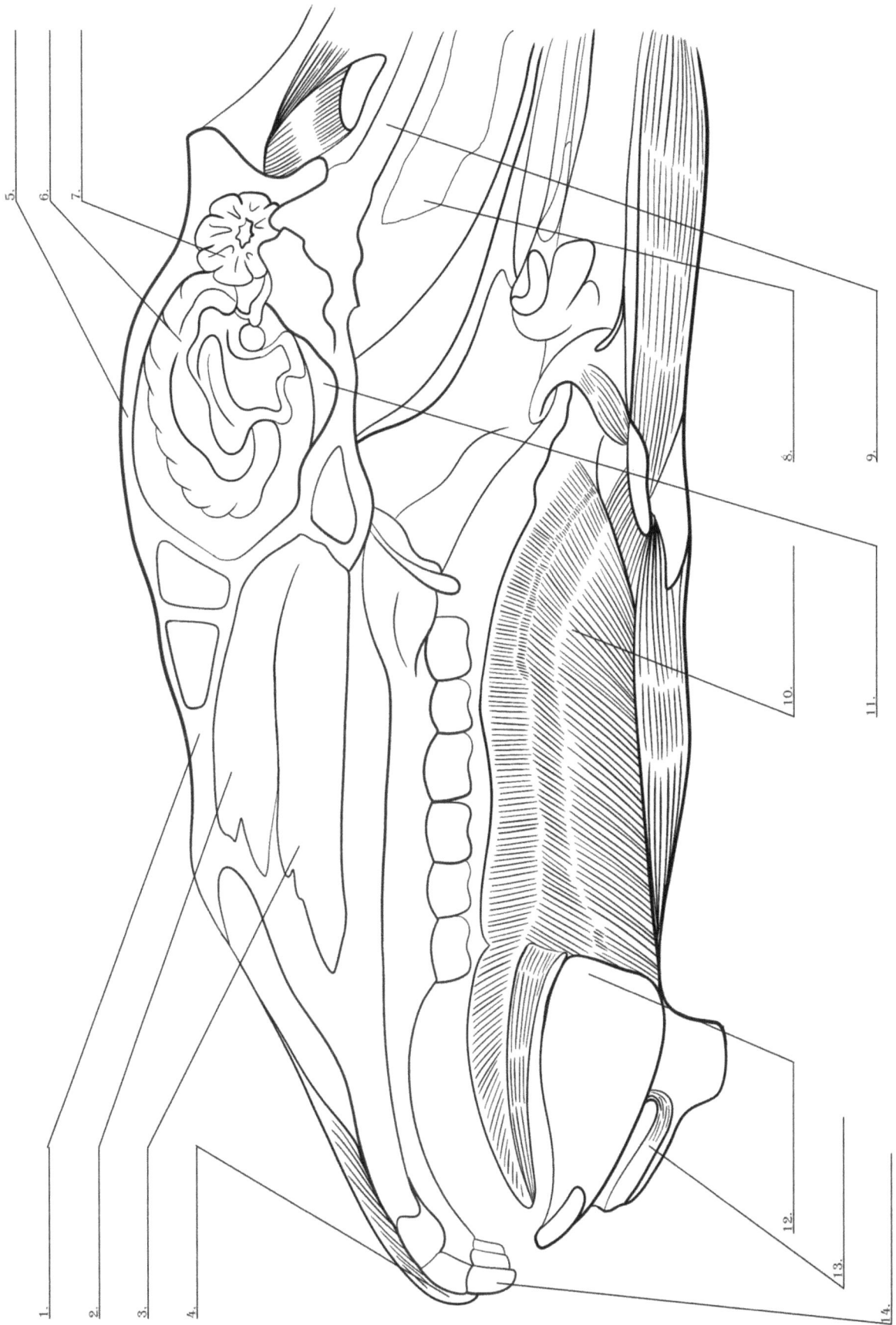

1.
2.
3.
4.
5.
6.
7.
8.
9.
10.
11.
12.
13.
14.

SECCIÓN 14:DENTRO DEL CRÁNEO DEL CABALLO ASPECTO LATERAL

1. HUESO NASAL
2. CONCHA DORSAL
3. CONCHA VENTRAL
4. LABIO SUPERIOR
5. HUESO FRONTAL
6. CEREBRO
7. CEREBELO
8. EJE
9. MÉDULA ESPINAL
10. CUERPO DE LENGUA
11. QUIASMA ÓPTICO
12. MANDÍBULA
13. LABIO INFERIOR
14. DIENTES INCISIVOS

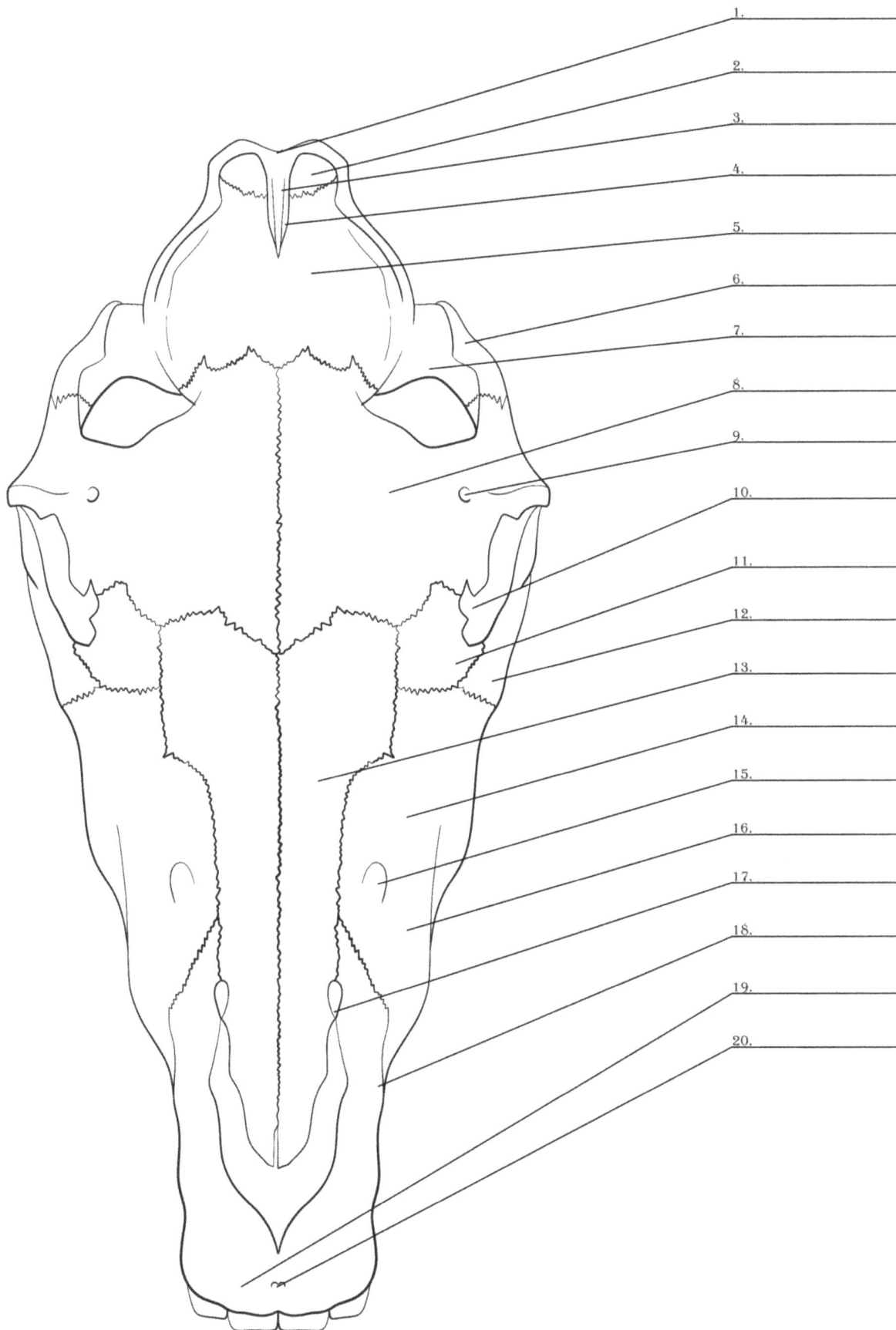

1. _____

2. _____

3. _____

4. _____

5. _____

6. _____

7. _____

8. _____

9. _____

10. _____

11. _____

12. _____

13. _____

14. _____

15. _____

16. _____

17. _____

18. _____

19. _____

20. _____

SECCIÓN 15: EL CRÁNEO DEL LADO DORSAL DEL CABALLO

1. LÍNEA NUCAL SUPERIOR
2. HUESO OCCIPITAL
3. CRESTA PARIETAL
4. HUESO INTERPARIETAL
5. HUESO PARIETAL
6. ARCO CIGOMÁTICO
7. HUESO TEMPORAL ESCAMOSO
8. HUESO FRONTAL
9. FORAMEN SUPRAORBITARIO
10. ORBITA
11. HUESO LAGRIMAL
12. HUESO CIGOMÁTICO
13. HUESO NASAL
14. MAXILAR
15. FORAMEN INFRAORBITARIO
16. CRESTA FACIAL
17. MUESCA NASOMAXILAR
18. NASAL DE HUESO INCISIVO
19. CUERPO DE HUESO INCISIVO
20. FORAMEN INCISIVO

SECCIÓN 16:EL CRÁNEO DEL CABALLO ASPECTO VENTRAL

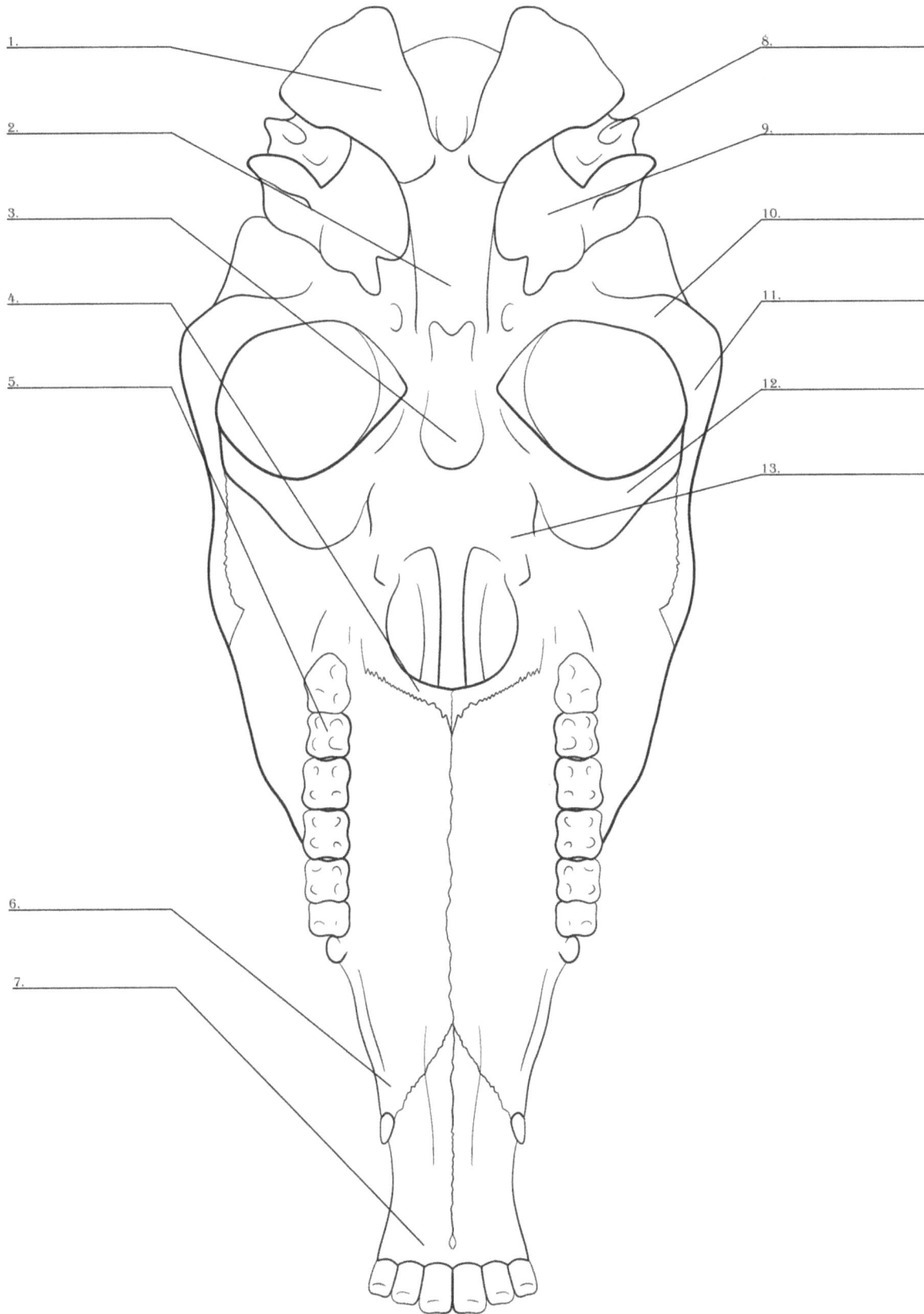

1.
2.
3.
4.
5.
6.
7.

8.
9.
10.
11.
12.
13.

SECCIÓN 16:EL CRÁNEO DEL CABALLO ASPECTO VENTRAL

1. FORAMEN MAGNO
2. HUESO OCCIPITAL
3. HUESO BASIESFENOIDES
4. HUESO PALATINO
5. DIENTES
6. MAXILAR
7. HUESO INCISIVO
8. PROCESO YUGULAR HUESO
9. FORAMEN LACERUM
10. FORAME ALAR CAUDAL
11. HUESO CIGOMÁTICO
12. FISURA ORBITARIA
13. HAMULUS DE HUESO PTERIGOIDEO

SECCIÓN 17: SECCIÓN LOS MÚSCULOS DE LA CABEZA CARA LATERAL

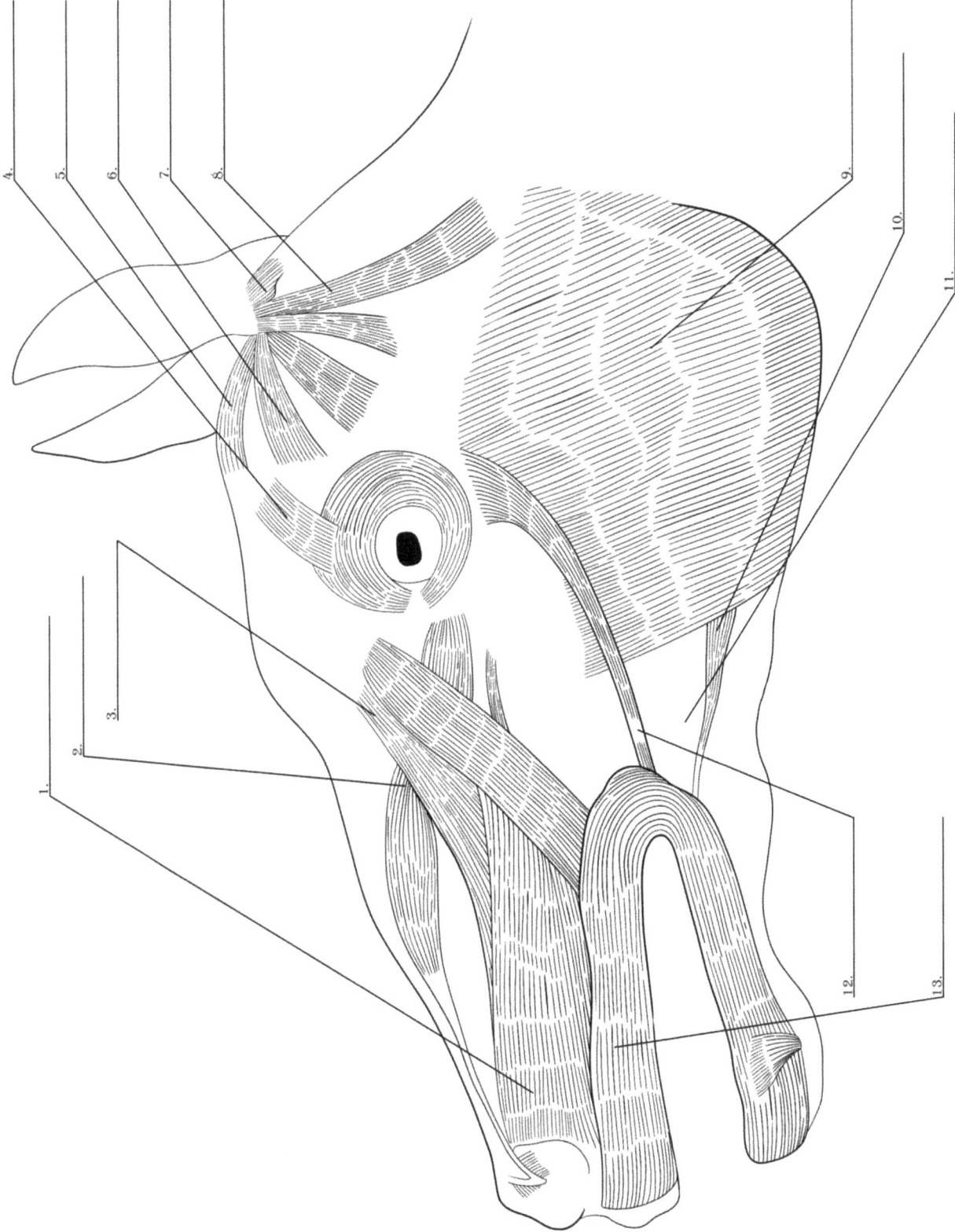

SECCIÓN 17: SECCIÓN LOS MÚSCULOS DE LA CABEZA CARA LATERAL

1. MÚSCULO CANINO
2 . MÚSCULO ELEVADOR DEL LABIO MAXILAR
3 . MÚSCULO ELEVADOR NASOLABIAL
4 . MÚSCULO ELEVADOR DEL ÁNGULO MEDIAL
5. MÚSCULO INTERESCUTULAR
6. PARS TEMPORALIS DEL MÚSCULO FRONTOSCUTULARIS
7. MÚSCULO CERVICAL-AURICULAR
8. MÚSCULO PAROTIDOAURICULAR
9. MÚSCULO MASETERO
10 . MÚSCULO DEPRESOR LABII MANDIBULARIS
11. MÚSCULO BUCCALIS
12. MÚSCULO CIGOMÁTICO
13 . MÚSCULO ORBICULAR DE LA BOCA

SECCIÓN 18:LOS MÚSCULOS DE LA CARA DORSAL DE LA CABEZA

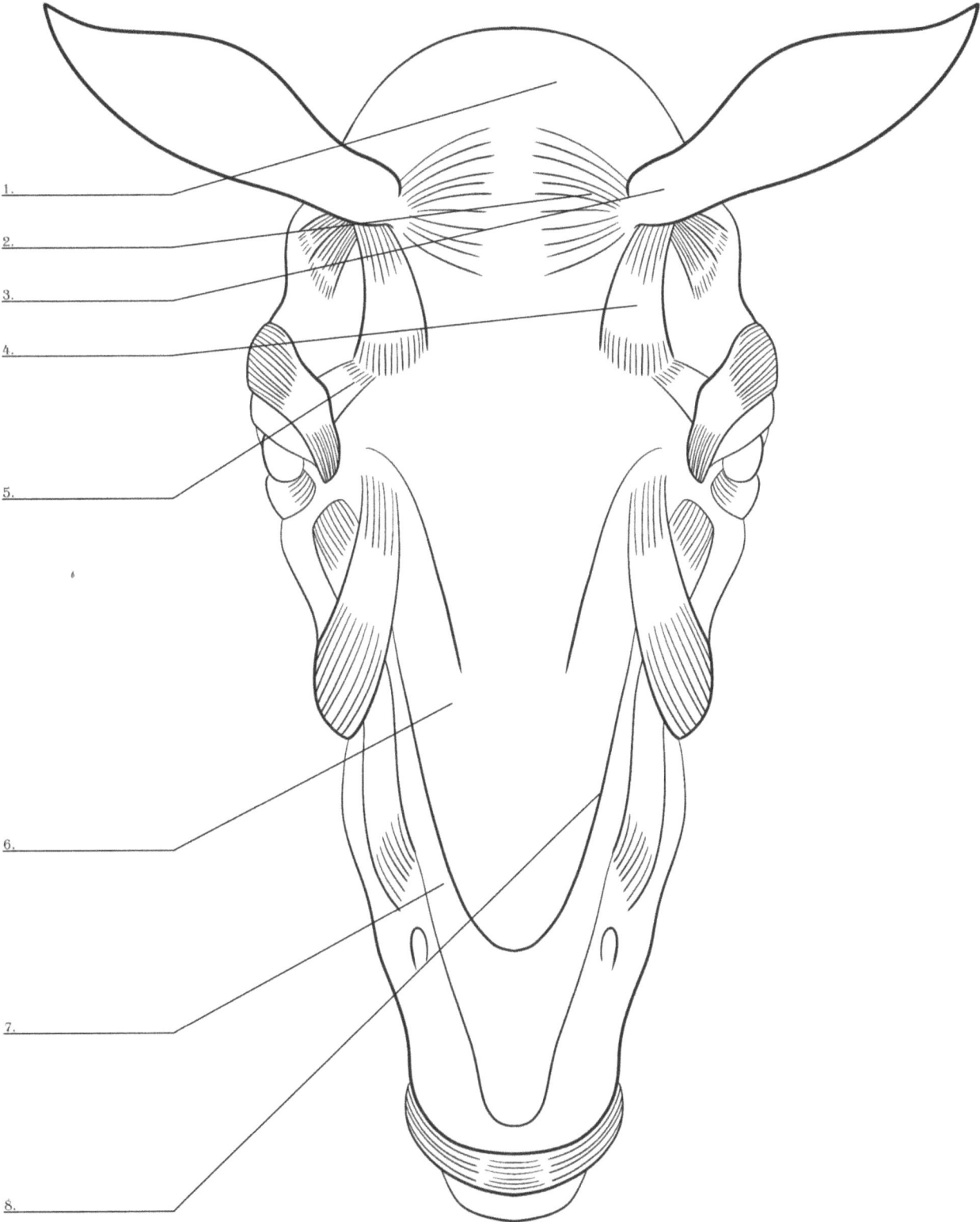

1.

2.

3.

4.

5.

6.

7.

8.

SECCIÓN 18:LOS MÚSCULOS DE LA CARA DORSAL DE LA CABEZA

1 . MÚSCULO PERVICOAURICOLARIS SUPERFICIALIS
2. MÚSCULO INTERESCUTULAR
3. MÚSCULO SCUTULOAURICULARIS
4. MÚSCULO FRONTOSCUTULARIS
5 . MÚSCULO ELEVADOR DEL ÁNGULO MEDIAL
6 . MÚSCULO ELEVADOR NASOLABIAL
7 . MÚSCULO LATERAL DE LA NARIZ
8 . MÚSCULO ELEVADOR DEL LABIO MAXILAR

SECCIÓN 19: CEREBRO DEL LADO LATERAL Y DORSAL DEL CABALLO

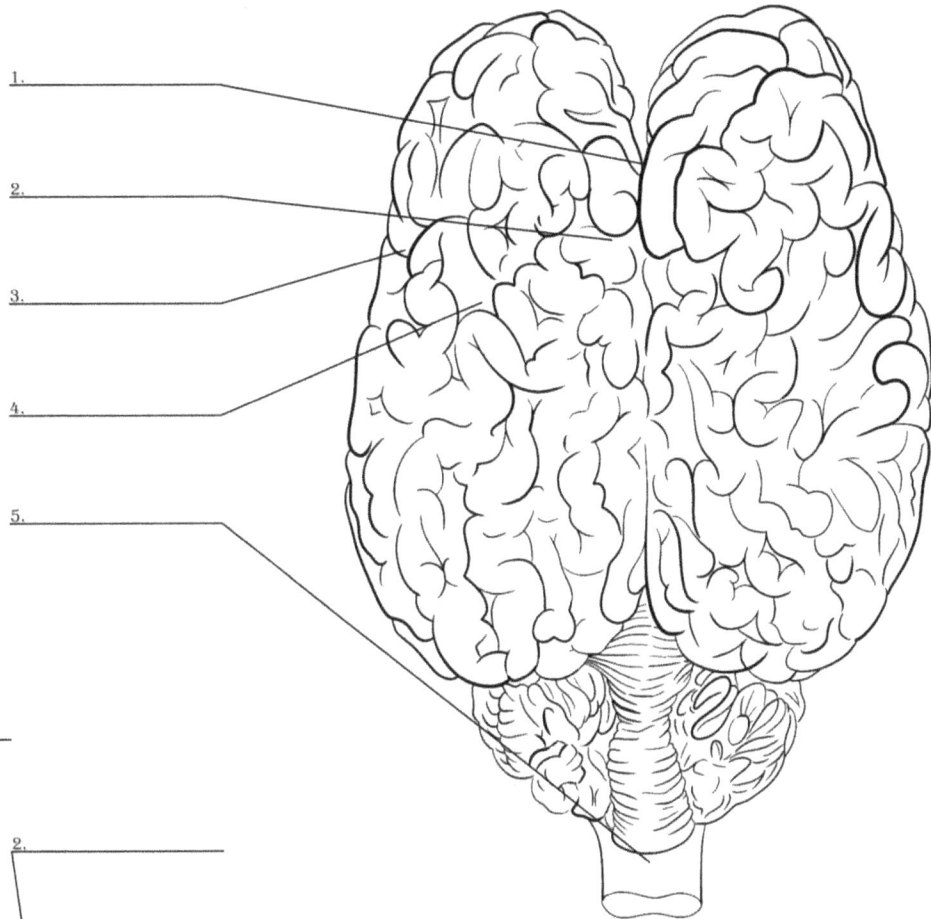

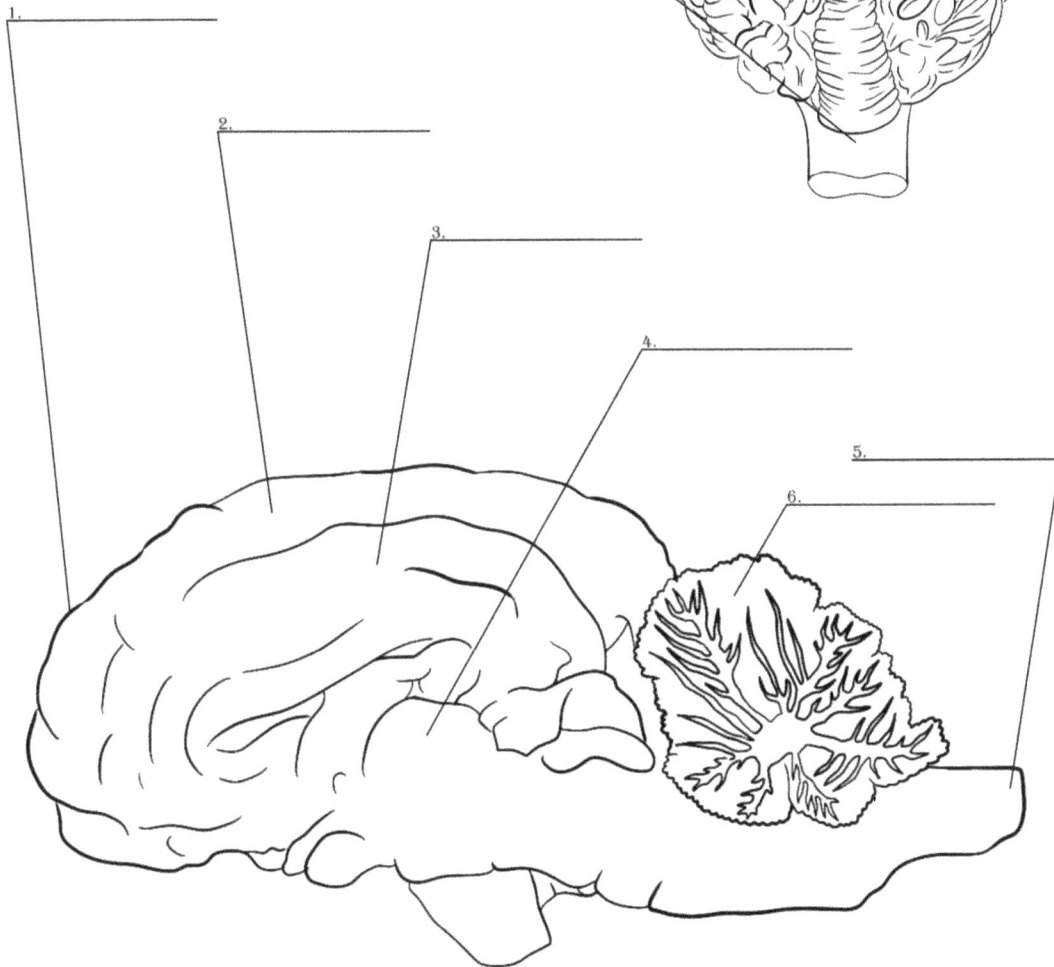

1.

2.

3.

4.

5.

1.

2.

3.

4.

5.

6.

SECCIÓN 19: CEREBRO DEL LADO LATERAL Y DORSAL DEL CABALLO

1. GRAN FISURA LONGITUDINAL ENTRE HEMISFERIOS CEREBRALES
2. FISSURA CRUCIAL
3. FISURA LATERAL
4. GRAN FISURA OBLICUA
5. BULBO RAQUÍDEO
6. CEREBELO

SECCIÓN 20: SECCIÓN EL OJO DEL CABALLO

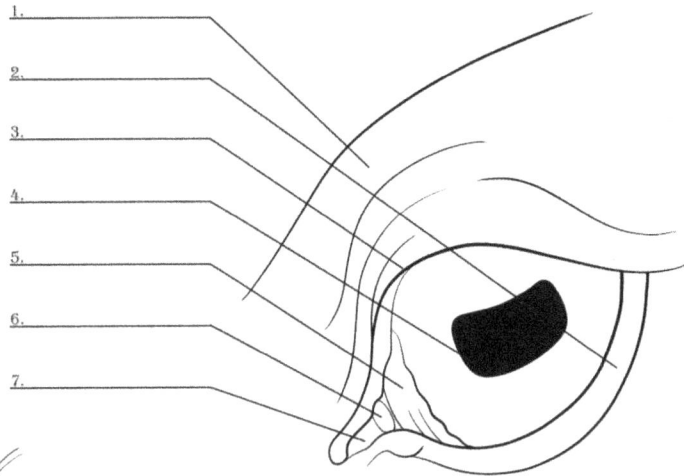

1.
2.
3.
4.
5.
6.
7.

FIBROUS TUNIC:

8.
9.
10.
11.
12.
13.
14.
15.
16.
17.
18.
19.
20.
21.

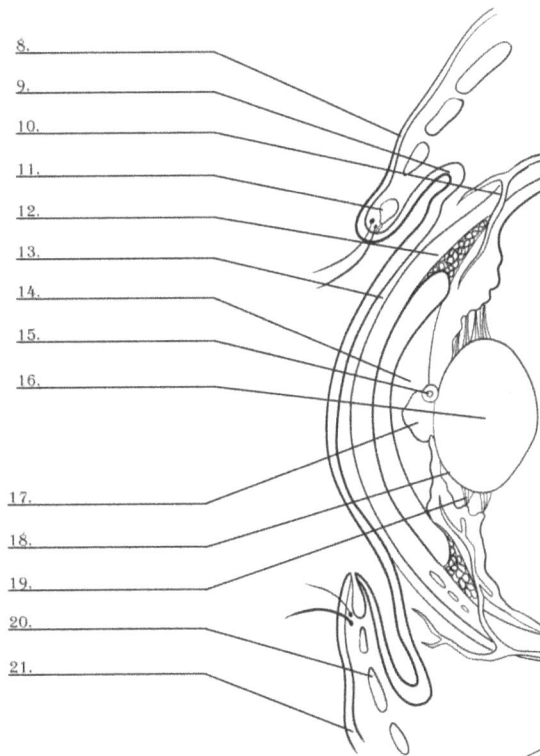

RETINA:

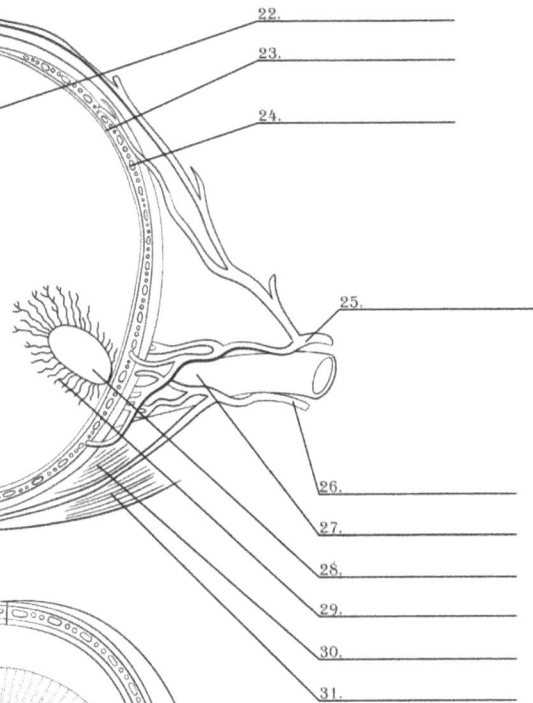

22.
23.
24.
25.
26.
27.
28.
29.
30.
31.

CILIARY BODY:

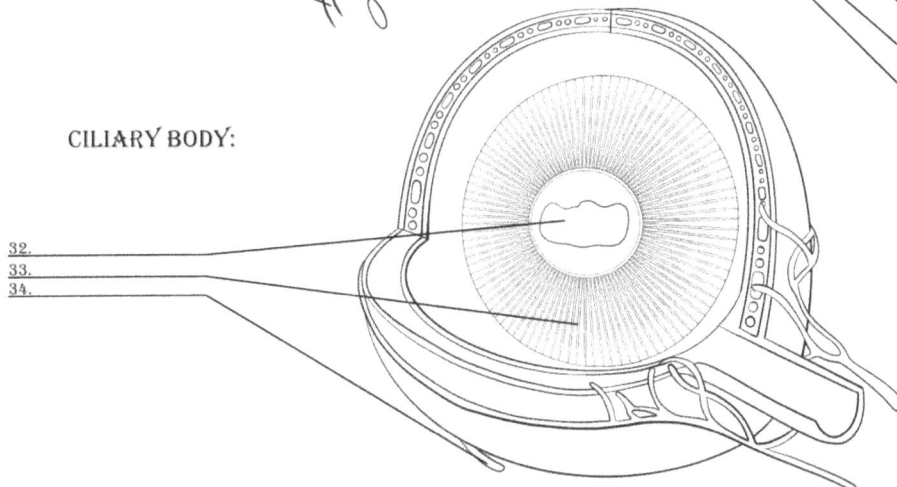

32.
33.
34.

SECCIÓN 20: SECCIÓN EL OJO DEL CABALLO

1. REGIÓN SUPRAORBITARIA
2. ÁNGULO LATERAL DEL OJO
3. BORDE DE PESTAÑAS DEL PÁRPADO SUPERIOR
4. IRIS
5. TERCER PÁRPADO
6. CARÚNCULA LACRIMAL
7. ÁNGULO MEDIAL DEL OJO

TÚNICA FIBROSA
8. PÁRPADO SUPERIOR
9. CONJUNTIVA BULBAR
10. ESCLERA
11. GLÁNDULAS TARSALES
12. LIMBO
13. CÓRNEA
14. IRIS
15. GRÁNULOS IRÍDICOS
16. CRISTALINO
17. PUPILA
18. CÁPSULA DEL CRISTALINO
19. FIBRAS ZONALES
20. ORBICULARIS OCULI
21. PÁRPADO INFERIOR

RETINA:
22. PUNTO CIEGO
23. PARTE ÓPTICA
24. COROIDES
25. ARTERIA OFTÁLMICA EXTERNA
26. ARTERIA OFTÁLMICA INTERNA
27. NERVIO ÓPTICO
28. DISCO ÓPTICO
29. VASOS RETINIANOS
30. RECTO VENTRAL
31. RETRATOR DEL BULBO

CUERPO CILIAR
32. RADII LENTIS
33. CORONA CILIAR
34. VENA VORTICOSA

SECCIÓN 21: LOS LABIOS Y LA NARIZ DEL CABALLO

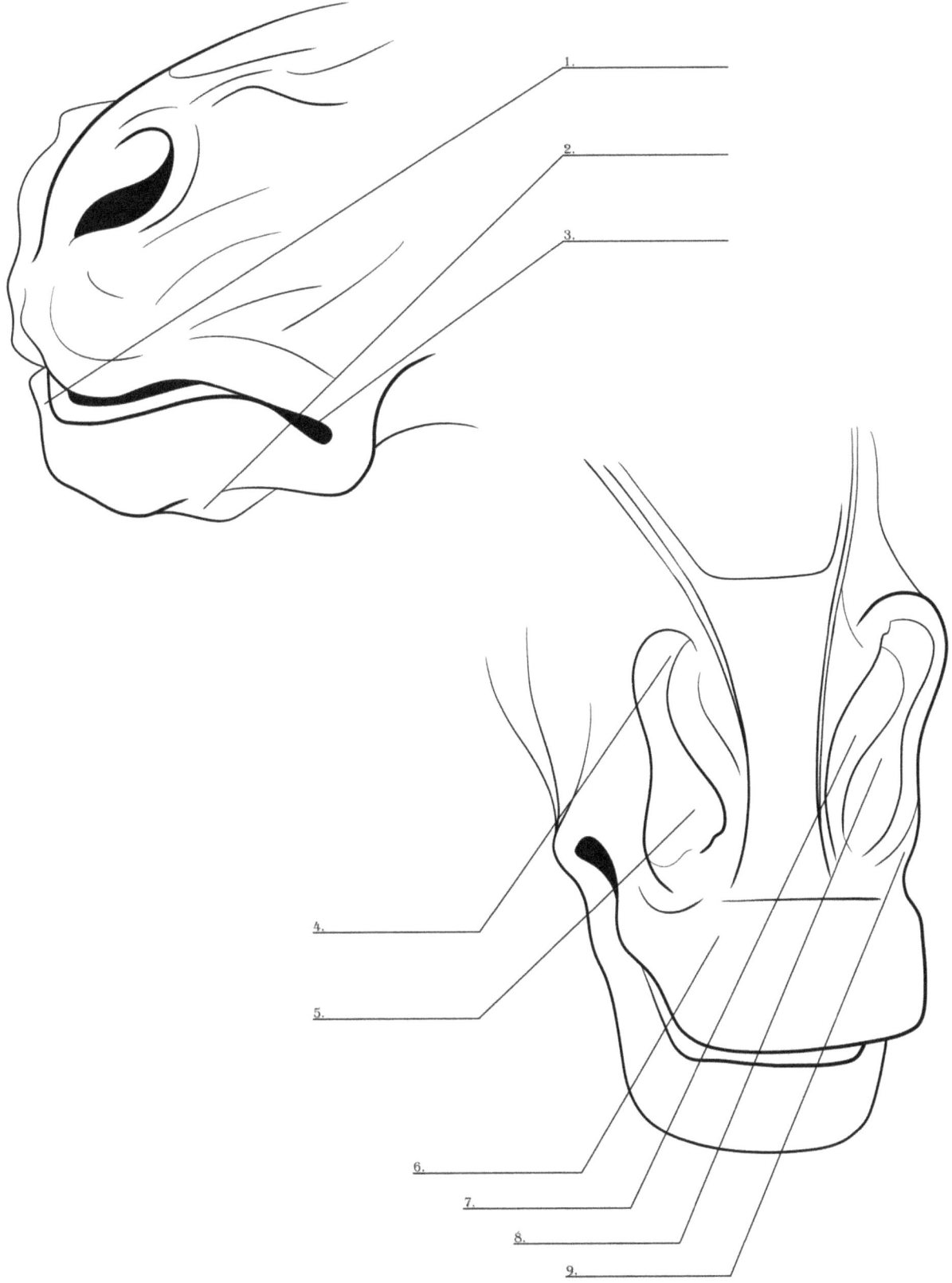

1.

2.

3.

4.

5.

6.

7.

8.

9.

SECCIÓN 21: LOS LABIOS Y LA NARIZ DEL CABALLO

1. LABIO INFERIOR
2. PUNTO MENTAL
3. ÁNGULO DE LA BOCA
4. FOSA NASAL FALSA (DIVERTÍCULO)
5. FOSA NASAL VERDADERA
6. REGIÓN NASOLABIAL
7. ALA LATERAL DE LAS FOSAS NASALES
8. ABERTURA NASAL DEL CONDUCTO NASOLAGRIMAL
9. ALA MEDIAL DE LA FOSA NASAL

SECCIÓN 22: SECCIÓN LAS OREJAS DEL CABALLO

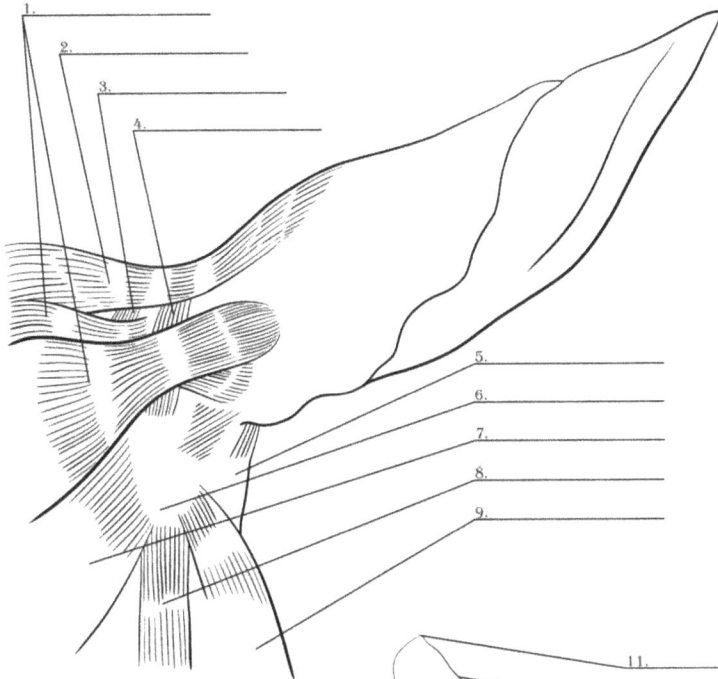

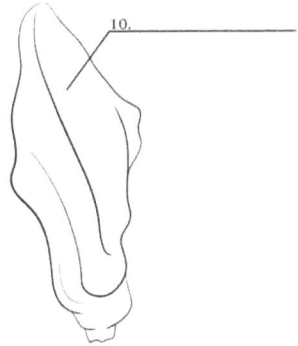

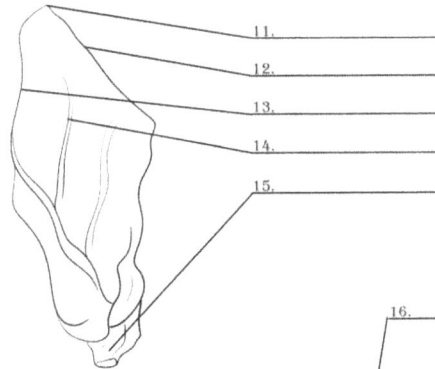

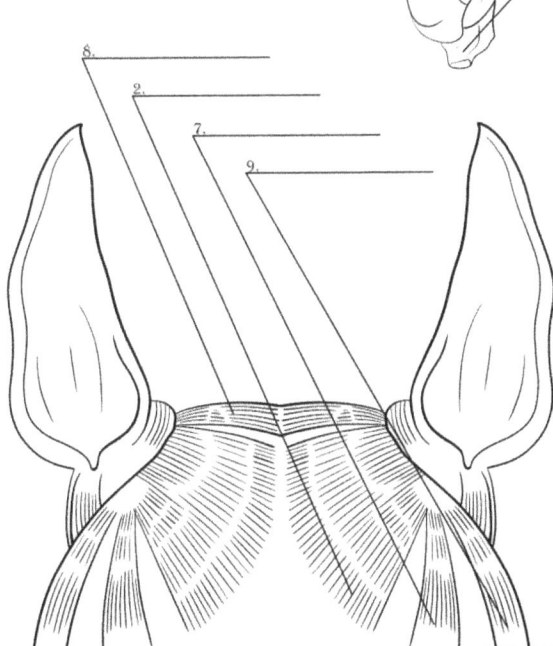

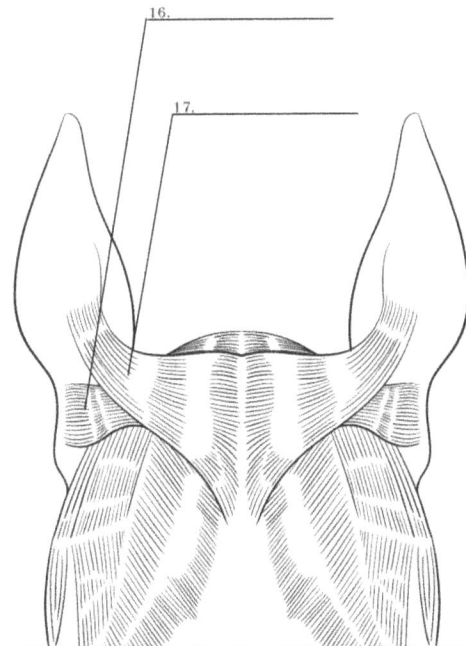

SECCIÓN 22: SECCIÓN LAS OREJAS DEL CABALLO

1. MÚSCULOS INTER / PARIETOAURICULARIS
2. MÚSCULO CERVICAL-AURICULAR
3. ROTADOR MÚSCULO AURIS LONGUS
4. MÚSCULO SCUTULOAURICULARIS
5. MÚSCULO PAROTIDOAURICULAR
6. CARTÍLAGO ESCUTULAR
7. MÚSCULO FRONTOSCUTULARIS
8. MÚSCULO PARIETOSCUTULARIS
9. MÚSCULO ZIGOMÁTICO SCUTELLARIS
10. SUPERFICIE CAUDAL DEL CARTÍLAGO AURICULAR
11. ÁPICE DEL CARTÍLAGO AURICULAR
12. MARGEN ROSTRAL DEL CARTÍLAGO AURICULAR
13. MARGEN CAUDAL DEL CARTÍLAGO AURICULAR
14. CAVIDAD DEL CARTÍLAGO AURICULAR
15. CONDUCTO AUDITIVO EXTERNO DEL CONDRO
16 . MÚSCULO CERVICOAURICULARIS PROFUNDO
17 . MÚSCULO CERVICOAURICULARIS SUPERFICIALIS

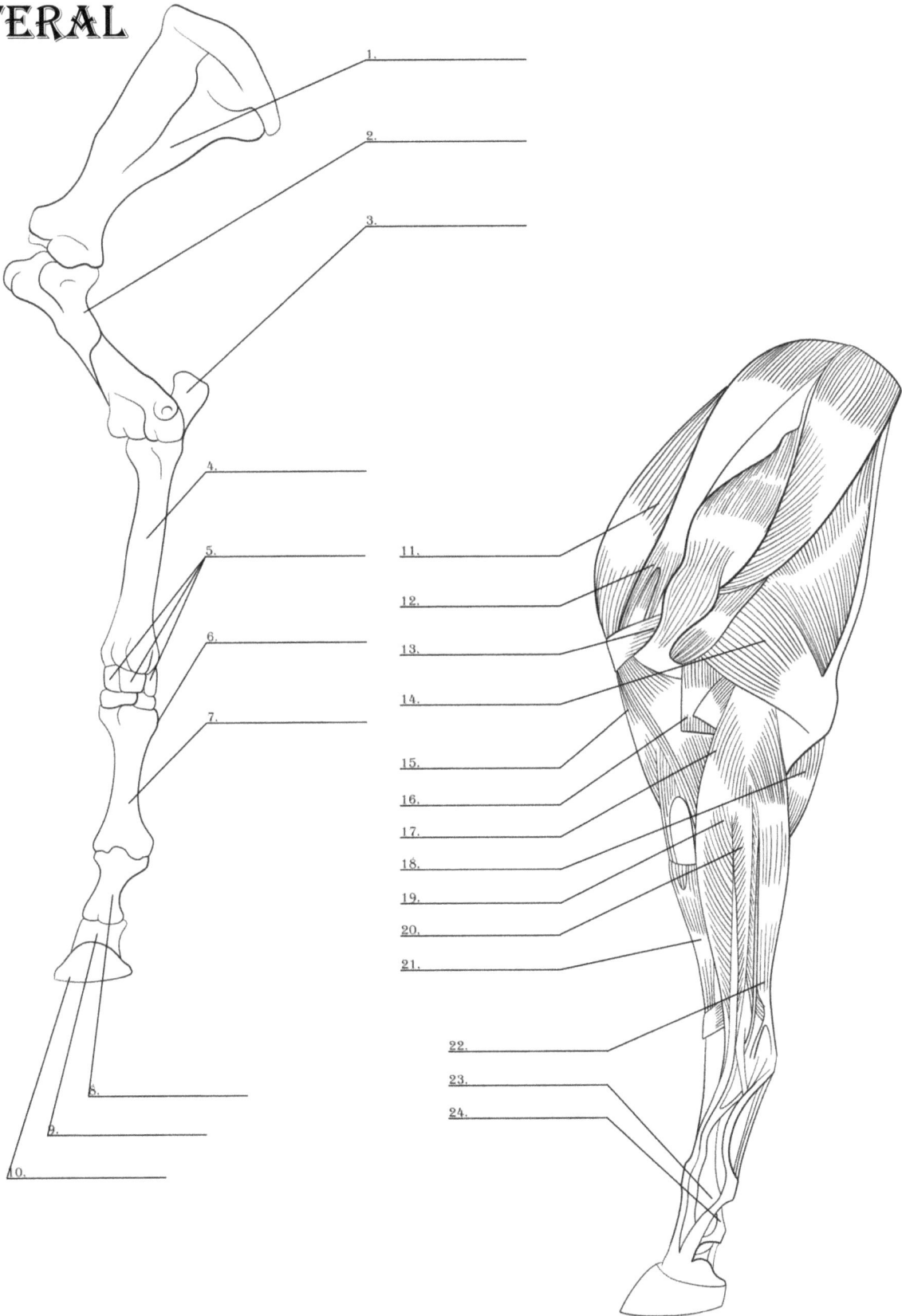

SECCIÓN 23: EXTREMIDAD TORÁCICA CARA LATERAL

1.

2.

3.

4.

5.

6.

7.

8.

9.

10.

11.

12.

13.

14.

15.

16.

17.

18.

19.

20.

21.

22.

23.

24.

SECCIÓN 23: EXTREMIDAD TORÁCICA CARA LATERAL

1. OMÓPLATO
2. HÚMERO
3. OLÉCRANON
4. RADIO
5. HUESOS CARPIANOS
6. CUARTO HUESO METACARPIANO
7. TERCER HUESO METACARPIANO
8. FALANGE PROXIMAL
9. FALANGE MEDIA
10. FALANGE DISTAL

11. MÚSCULO SUPRAESPINOSO
12. MÚSCULO INFRAESPINOSO
13. MÚSCULO DELTOIDEO
14 . MÚSCULO TRÍCEPS BRAQUIAL
15 . MÚSCULO BÍCEPS BRAQUIAL
16. MÚSCULO BRAQUIAL
17 . MÚSCULO EXTENSOR RADIAL DEL CARPO
18 . MÚSCULO FLEXOR PROFUNDO DE LOS DEDOS
19 . MÚSCULO EXTENSOR DE LOS DEDOS DEL COMÚN
20 . MÚSCULO EXTENSOR LATERAL DE LOS DEDOS
21.MÚSCULO ABDUCTOR LARGO DEL PULGAR
22 . MÚSCULO EXTENSOR CUBITAL DEL CARPO
23 . MÚSCULO INTERÓSEO MEDIO
24 . MÚSCULO FLEXOR SUPERFICIAL DE LOS DEDOS

SECCIÓN 24: ASPECTO CRANEAL DE LA EXTREMIDAD TORÁCICA

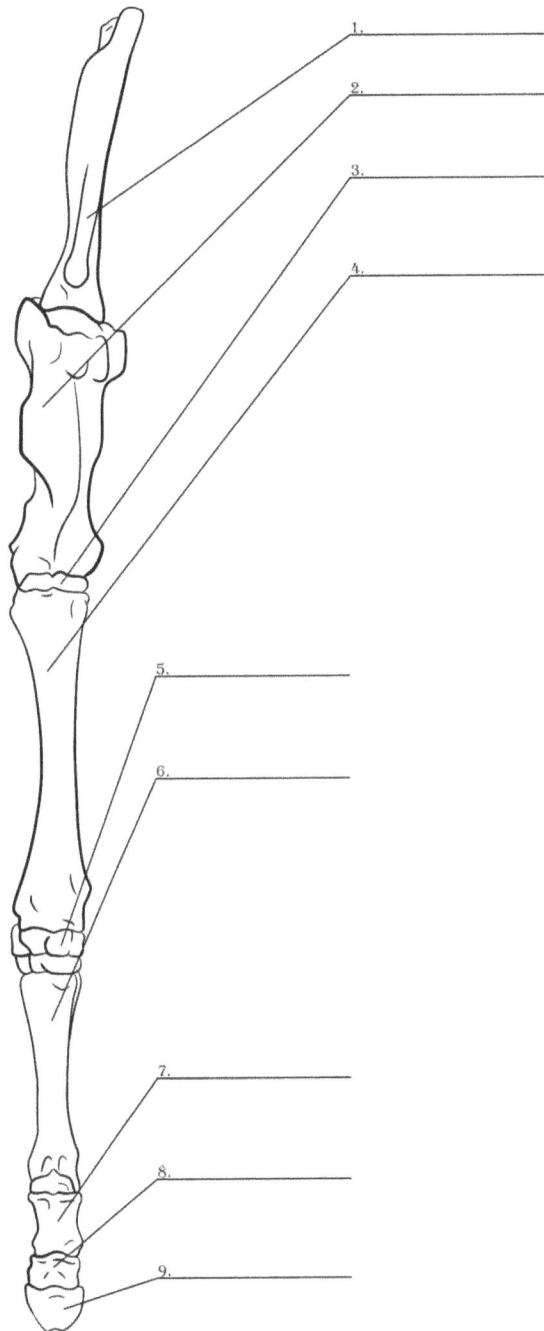

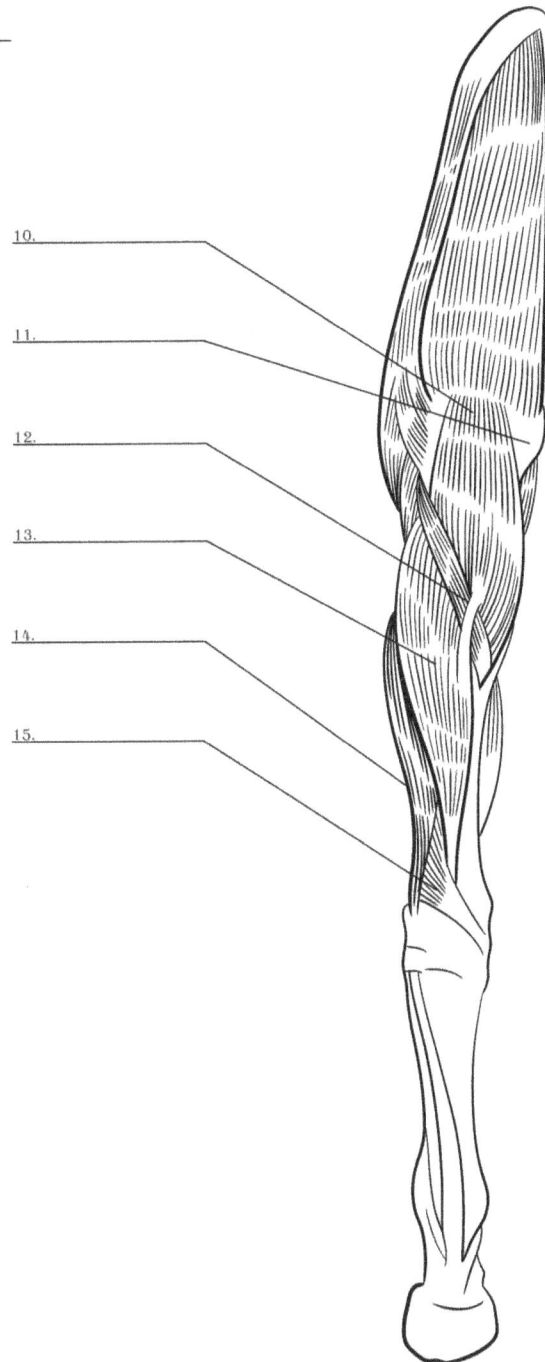

1.

2.

3.

4.

5.

6.

7.

8.

9.

10.

11.

12.

13.

14.

15.

SECCIÓN 24: ASPECTO CRANEAL DE LA EXTREMIDAD TORÁCICA

1. OMÓPLATO
2. HÚMERO
3. ARTICULACIÓN DEL CODO
4. RADIO
5. RODILLA
6. HUESO CÁÑON
7. HUESO DE CUARTILLA LARGA
8. HUESO DE CUARTILLA CORTA
9. HUESO DEL PEDAL

10 . MÚSCULO BÍCEPS BRAQUIAL
11. MÚSCULO DELTOIDEO
12. MÚSCULO BRAQUIAL
13 . MÚSCULO EXTENSOR RADIAL DEL CARPO
14 . MÚSCULO EXTENSOR DE LOS DEDOS DEL COMÚN
21.MÚSCULO ABDUCTOR LARGO DEL PULGAR

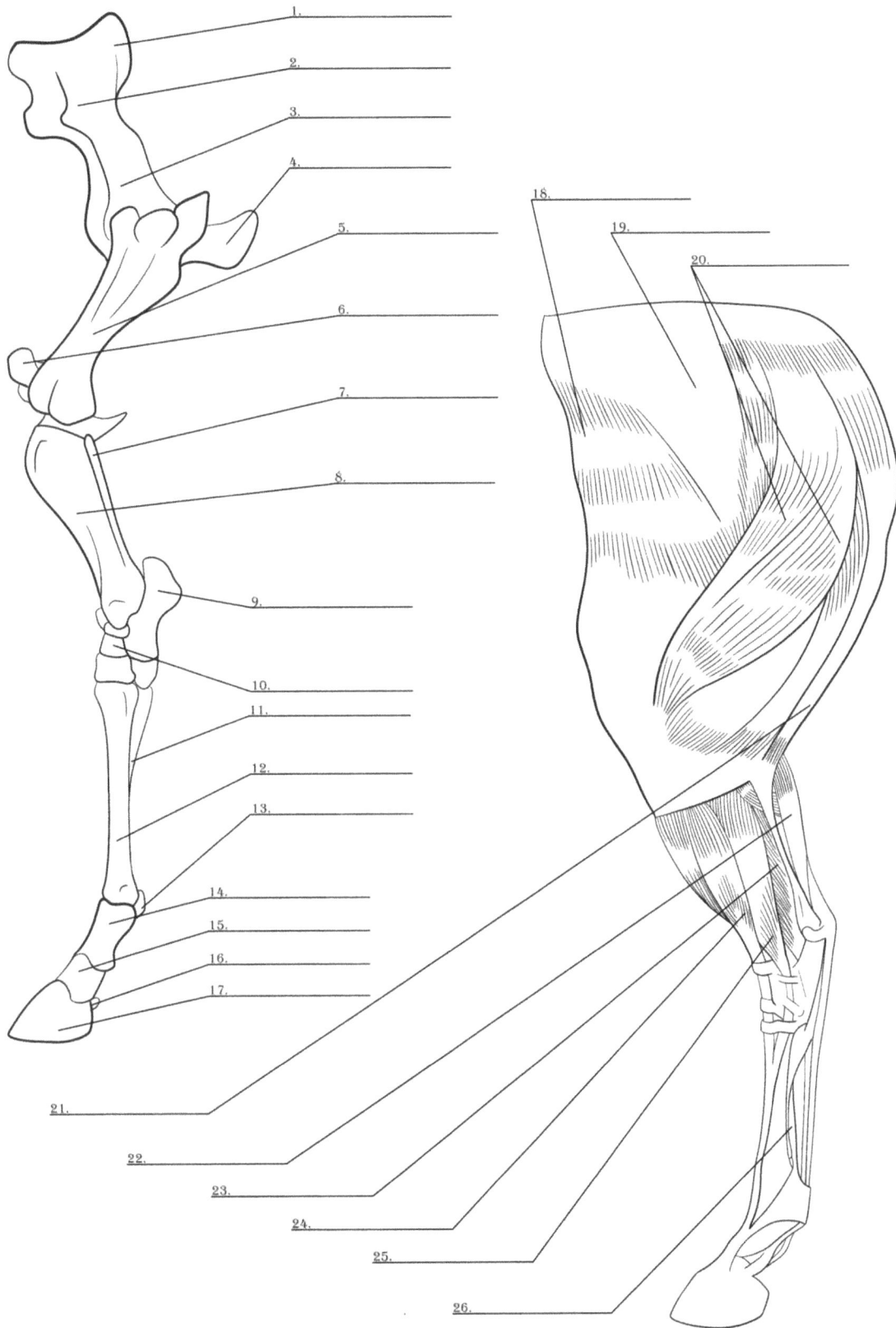

SECCIÓN 25:EXTREMIDAD PÉLVICA CARA LATERAL

1.

2.

3.

4.

5.

6.

7.

8.

9.

10.

11.

12.

13.

14.

15.

16.

17.

18.

19.

20.

21.

22.

23.

24.

25.

26.

SECCIÓN 25:EXTREMIDAD PÉLVICA CARA LATERAL

1. TUBEROSIDAD SACRA
2. ALA DEL ILION
3. PELVIS
4. PUNTO DE LA NALGA
5. FÉMUR
6. RÓTULA
7. PERONÉ
8. TIBIA
9. CALCÁNEO
10. TARSIANO
11. FÉRULA DE HUESO
12. HUESO CÁÑON
13. SESAMOIDEO PROXIMAL
14. HUESO DE CUARTILLA LARGA
15. HUESO DE CUARTILLA CORTA
16. HUESO NAVICULAR
17. CORONA

18 . MÚSCULO TENSOR DE LA FASCIA LATA
19 . MÚSCULO GLÚTEO SUPERFICIAL
20 . MÚSCULO BÍCEPS FEMORAL
21. MÚSCULO SEMITENDINOSO
22. MÚSCULO GASTROCNEMIO
23 . MÚSCULO TIBIALIS CAUDALIS
24 . MÚSCULO EXTENSOR LARGO DE LOS DEDOS
25 . MÚSCULO EXTENSOR LATERAL DE LOS DEDOS
26 . MÚSCULO INTERÓSEO MEDIO

SECCIÓN 26: ASPECTO CRANEAL DEL MIEMBRO PÉLVICO

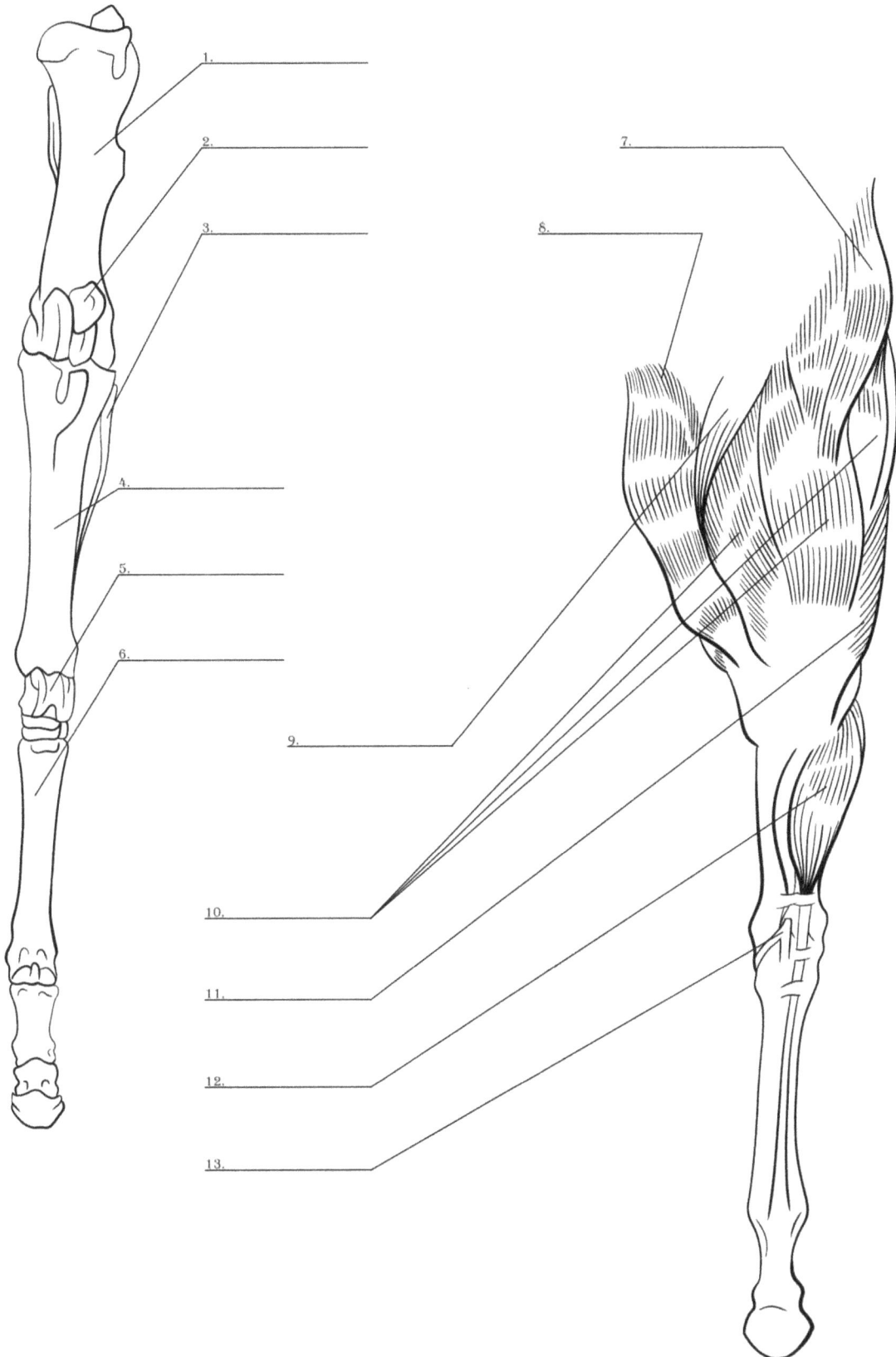

1.

2.

3.

4.

5.

6.

7.

8.

9.

10.

11.

12.

13.

SECCIÓN 26: ASPECTO CRANEAL DEL MIEMBRO PÉLVICO

1. FÉMUR
2. RÓTULA
3 PERONÉ
4. TIBIA
5. TARSIANO
6. HUESO CÁÑON
7 . MÚSCULO TENSOR DE LA FASCIA LATA
8. MÚSCULO GRÁCIL
9. MÚSCULO SARTORIO
10 . MÚSCULO CUÁDRICEPS FEMORAL
11 . MÚSCULO BÍCEPS FEMORAL
12 . MÚSCULO EXTENSOR LARGO DE LOS DEDOS
13. TENDÓN DEL MÚSCULO CRANEAL TIBIAS

SECCIÓN 27:LA PEZUÑA DEL CABALLO 1

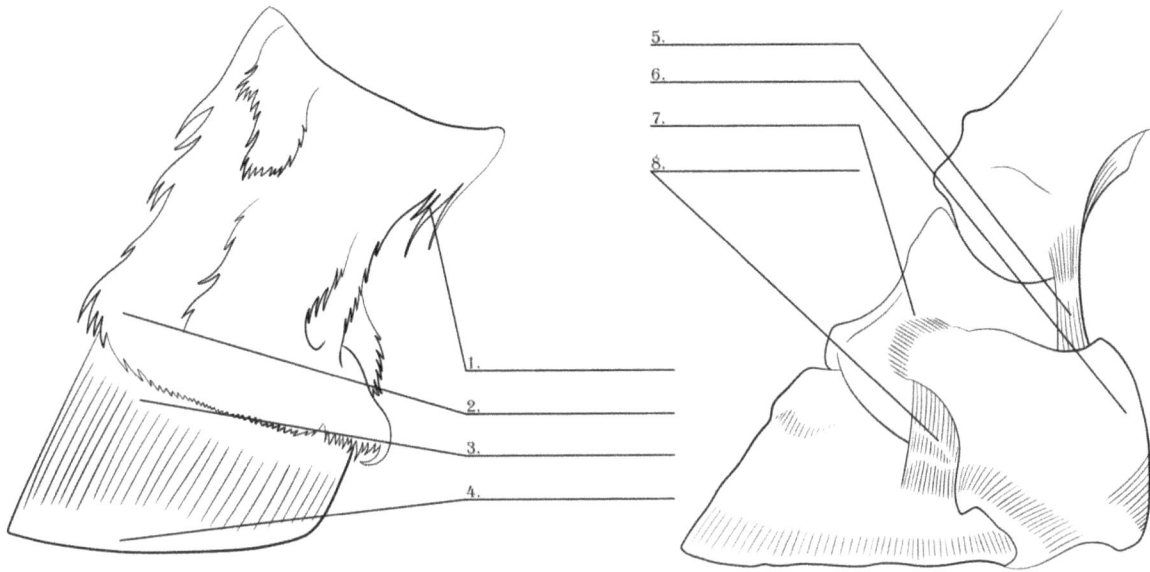

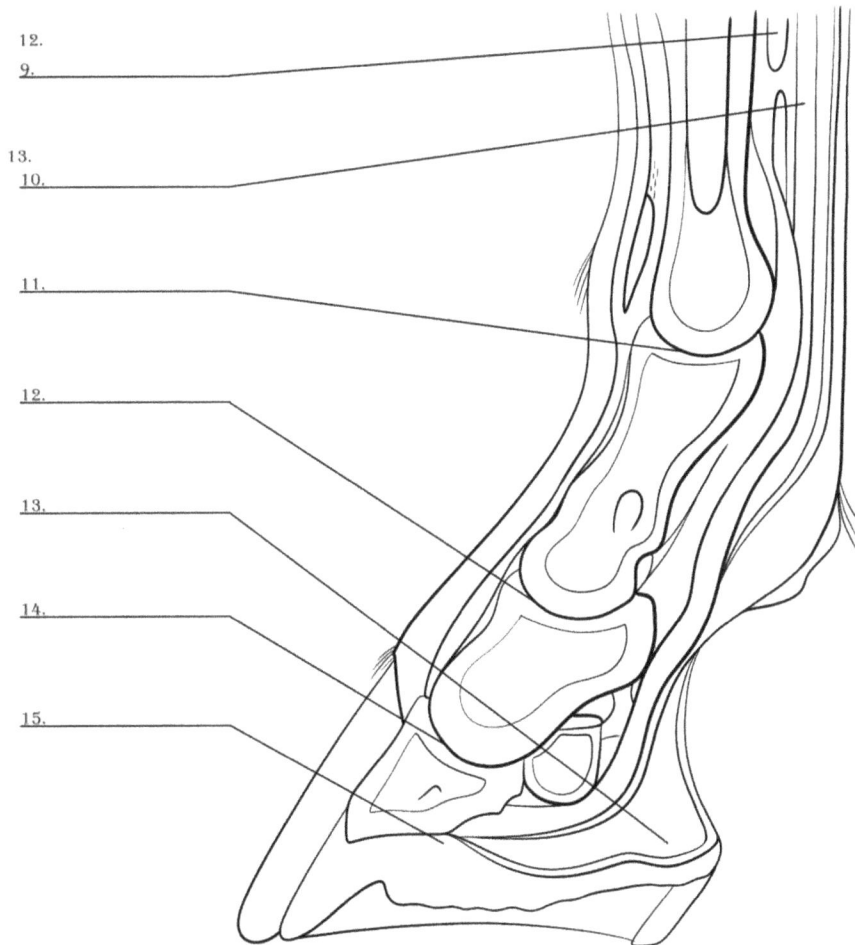

5.
6.
7.
8.

1.
2.
3.
4.

12.
9.

13.
10.

11.

12.

13.

14.

15.

SECCIÓN 27:LA PEZUÑA DEL CABALLO 1

1. PLUMAS
2. CORION PERIOPLICO
3. CORION CORONARIO
4. CORIUM DE LA PARED
5. CONDROCOMPEDALIS DEL LIGAMENTO LATERAL
6. CARTÍLAGO DE LA PEZUÑA
7. LIGAMENTO DORSAL DEL CARTÍLAGO DE LA PEZUÑA
8. LIGAMENTO COLATERAL DE LA ARTICULACIÓN DEL PIE
9 . MÚSCULO INTERÓSEO MEDIO
10 . MÚSCULO FLEXOR PROFUNDO DE LOS DEDOS
11. ARTICULACIÓN MENUDILLO
12. ARTICULACIÓN DE CUARTILLA
13. HIPODERMIS (COJÍN DIGITAL)
14. ARTICULACIÓN DEL PEDAL
15. RANILLA (EPIDERMIS CUNEI)

SECCIÓN 28:LA PEZUÑA DEL CABALLO 2

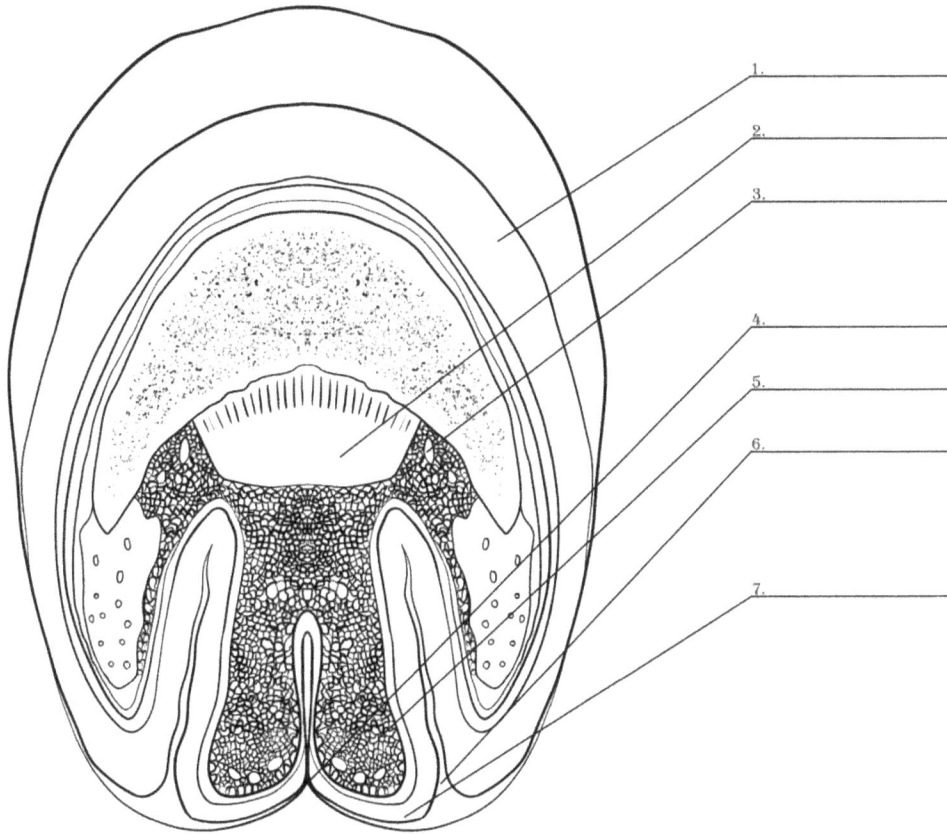

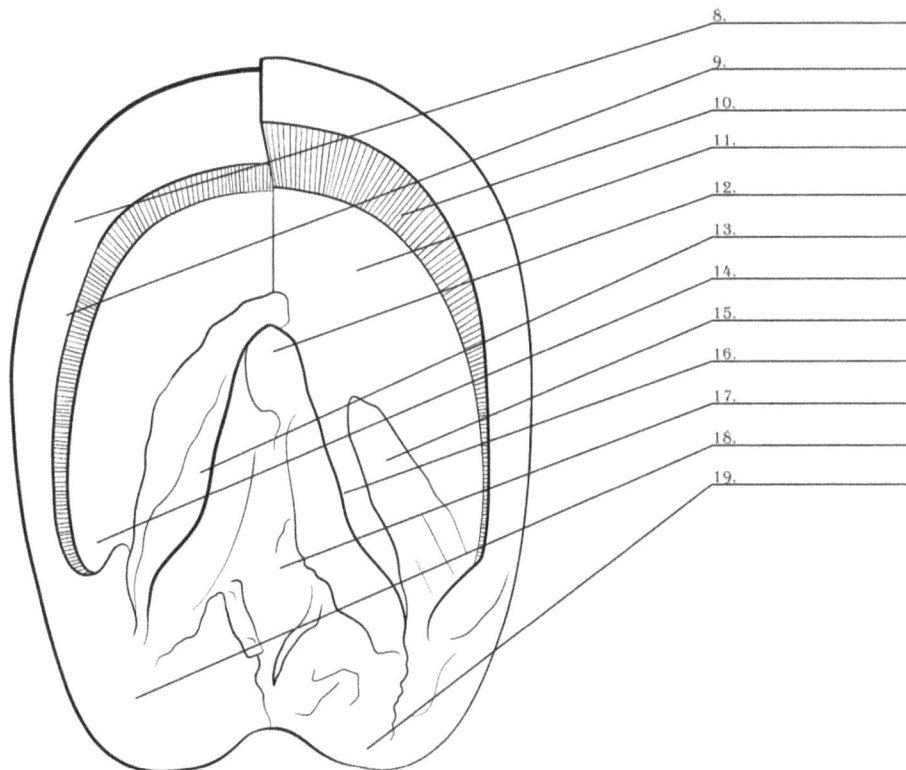

1. _____

2. _____

3. _____

4. _____

5. _____

6. _____

7. _____

8. _____

9. _____

10. _____

11. _____

12. _____

13. _____

14. _____

15. _____

16. _____

17. _____

18. _____

19. _____

SECCIÓN 28:LA PEZUÑA DEL CABALLO 2

1. EPIDERMIS CORONARIA
2. TENDÓN FLEXOR DIGITAL PROFUNDO
3. ARTERIA, VENA Y NERVIO MEDIAL
4. SURCO CENTRAL DE LA RANILLA
5. CRUS DE LA RANILLA
6. SURCO PARACUNEAL
7. BARRA (PARS INFLEXA)

8. ESTRATO MEDIO DE LA PARED DEL CASCO
9. LINEA BLANCA
10. LÂMINA EPIDÉRMICA
11. CUERPO DE LA SUELA
12. ÁPICE DE LA RANILLA
13. BARRA
14. ÁNGULO DE LA SUELA
15. CRUS DE LA SUELA
16. SURCO COLATERAL
17. SURCO CENTRAL DE LA RANILLA
18. ÁNGULO DE LA MURALLA
19. BULBO DEL TALÓN

SECCIÓN 29: EL CORAZON DEL CABALLO

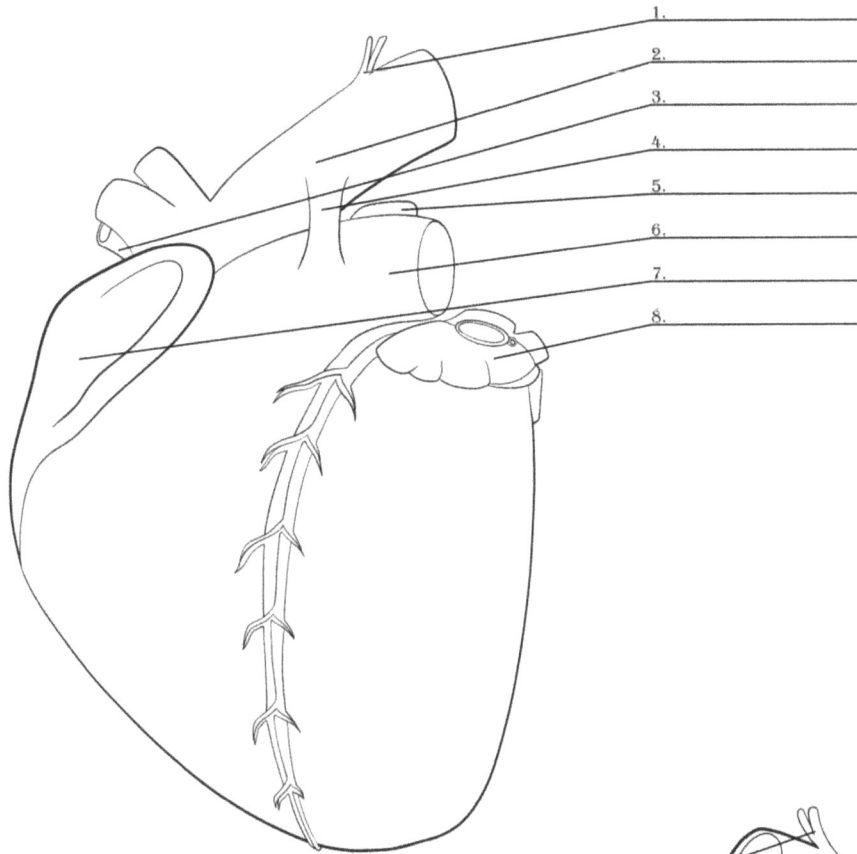

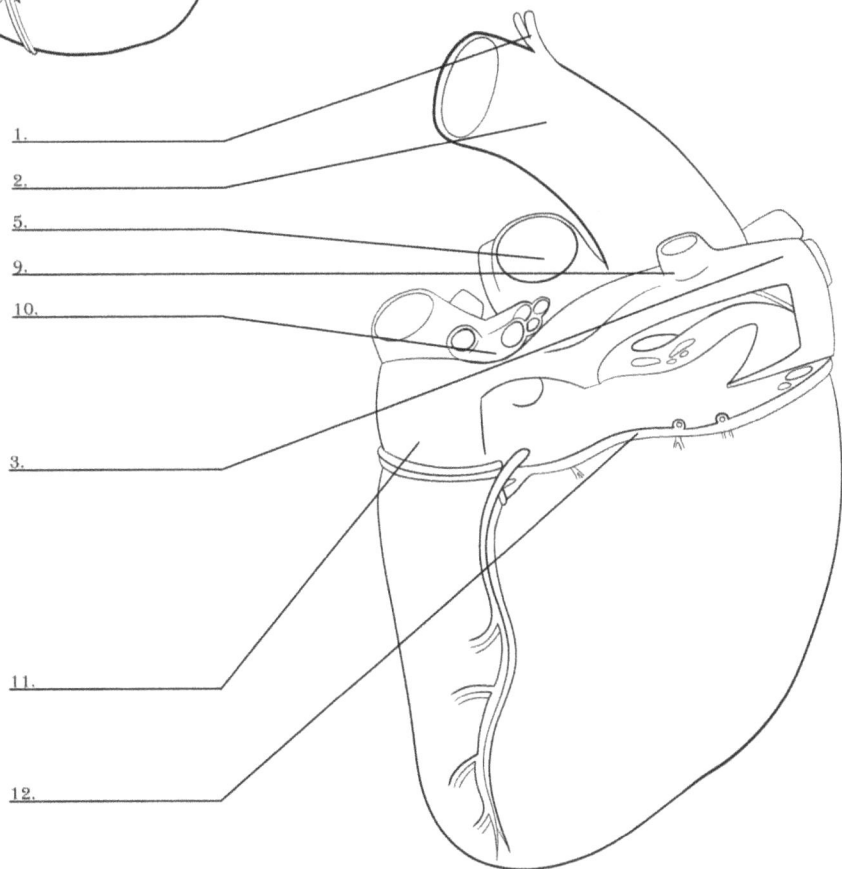

1.

2.

3.

4.

5.

6.

7.

8.

1.

2.

5.

9.

10.

3.

11.

12.

SECCIÓN 29: EL CORAZON DEL CABALLO

1. VASOS INTERCOSTALES
2. AORTA
3 . VENA CAVA CRANEAL
4. LIGAMENTO ARTERIOSO
5 . ARTERIA PULMONAR DERECHA
6. ARTERIA PULMONAR IZQUIERDA
7. AURÍCULA DERECHA
8. AURÍCULA IZQUIERDA
9. VENA ÁCIGOS DERECHA
10. VENAS PULMONARES
11 . VENA CAVA CAUDAL
12. SURCO CORONARIO

SECCIÓN 30:LOS PULMONES DEL CABALLO

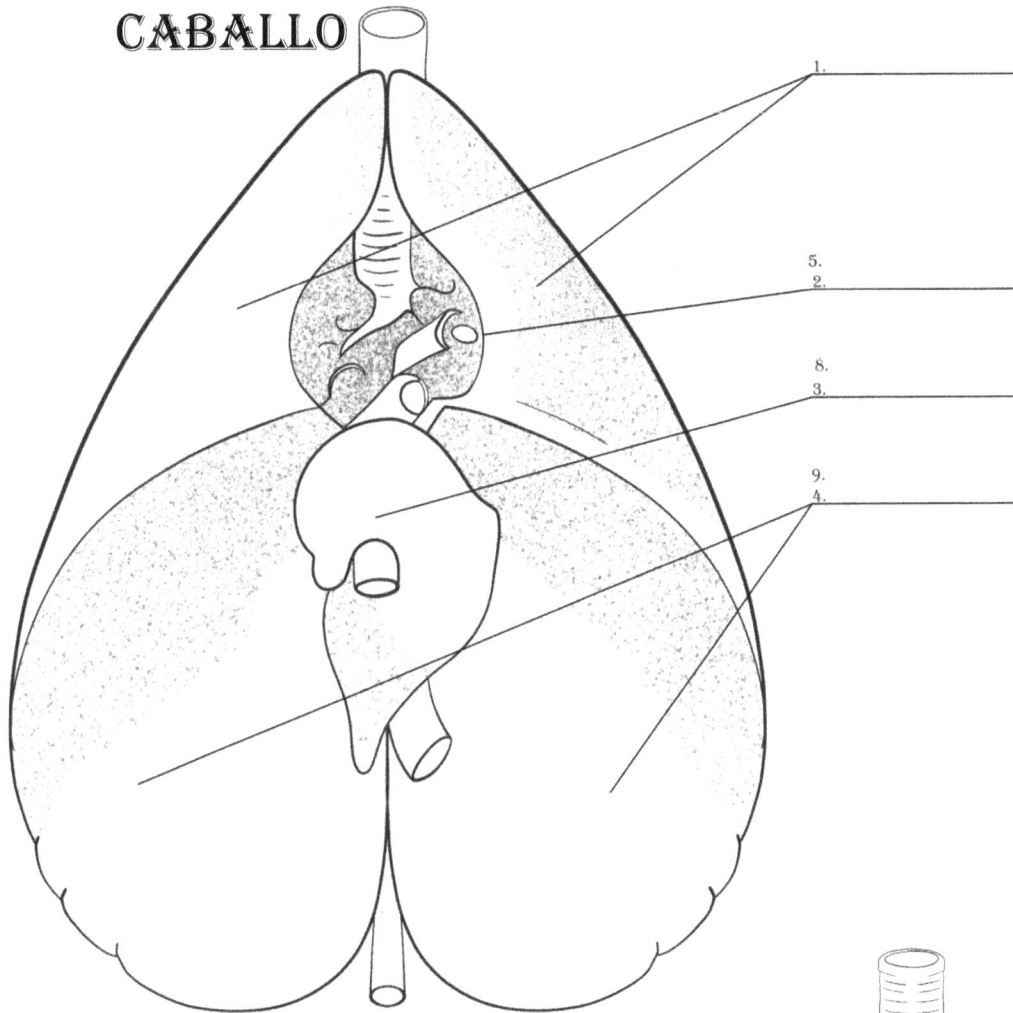

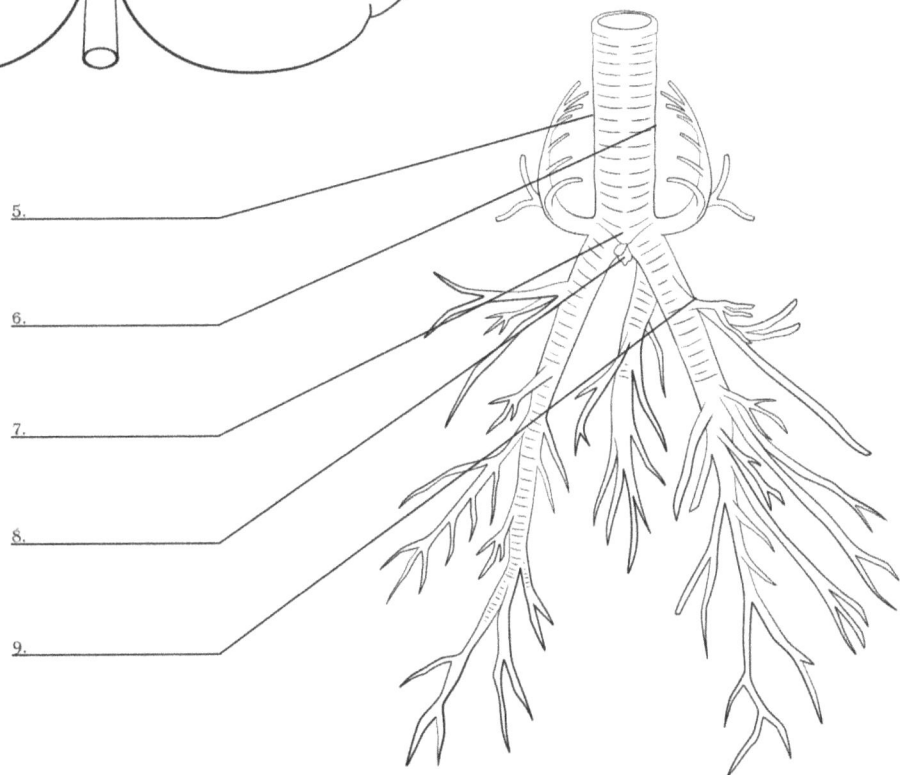

1. _____

5. _____
2. _____

8. _____

3. _____

9. _____
4. _____

5. _____

6. _____

7. _____

8. _____

9. _____

SECCIÓN 30:LOS PULMONES DEL CABALLO

1. LÓBULO CRANEAL
2. NOTA CARDIACA
3. LÓBULO ACCESORIO
4. LÓBULOS CAUDALES
5. GANGLIOS LINFÁTICOS TRAQUEOBRONQUIALES IZQUIERDOS
6. GANGLIOS LINFÁTICOS TRAQUEOBRONQUIALES DERECHOS
7. BIFURCACIÓN TRAQUEAL
8. GANGLIOS LINFÁTICOS TRAQUEOBRONQUIALES MEDIOS
9. GANGLIOS LINFÁTICOS PULMONARES

SECCIÓN 31: LA MÉDULA ESPINAL DEL CABALLO

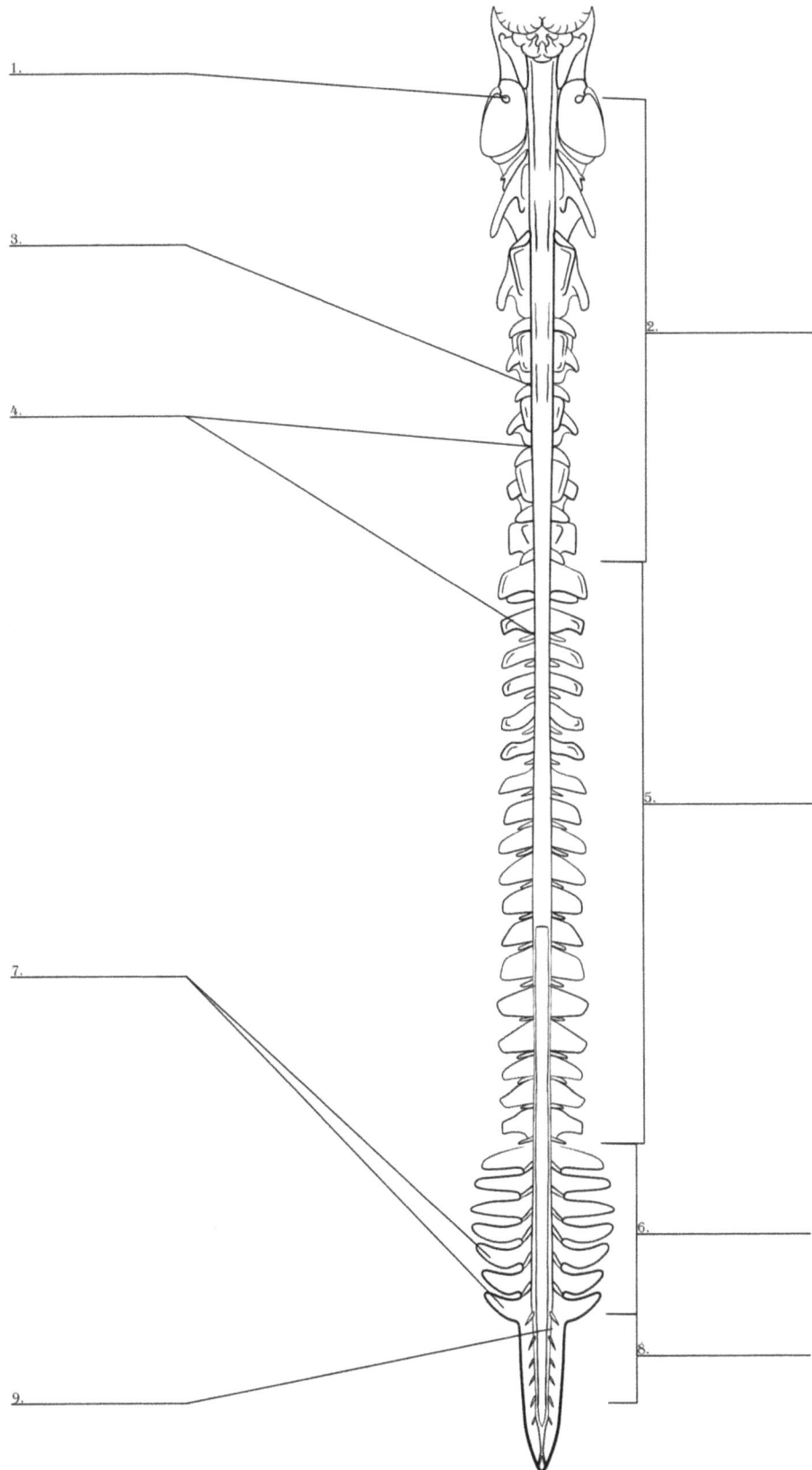

1.

3.

4.

2.

5.

7.

6.

8.

9.

SECCIÓN 31: LA MÉDULA ESPINAL DEL CABALLO

1. FORAMEN VERTEBRAL LATERAL
2. PARTE CERVICAL
3. FORAMEN INTERVERTEBRAL
4. ENGROSAMIENTO CERVICAL
5. PARTE TORÁCICA
6. PARTE LUMBAR
7. ENGROSAMIENTO LUMBAR
8. PARTE SACRA
9. FORAMEN LUMBOSACRO

www.ingramcontent.com/pod-product-compliance
Lightning Source LLC
Chambersburg PA
CBHW082059210326

41521CB00032B/2553